计算机等级考试
一级教程

主编○张艳珍 郭黎明 卢 婷

西南财经大学出版社
Southwestern University of Finance & Economics Press

中国·成都

图书在版编目(CIP)数据

计算机等级考试一级教程/张艳珍,郭黎明,卢婷主编.—成都:西南财经大学出版社,2016.1(2020.11 重印)

ISBN 978-7-5504-2289-6

Ⅰ.①计… Ⅱ.①张…②郭…③卢… Ⅲ.①电子计算机—水平考试—教材 Ⅳ.①TP3

中国版本图书馆 CIP 数据核字(2015)第 319400 号

计算机等级考试一级教程

张艳珍　郭黎明　卢婷　主编

责任编辑:李筱

助理编辑:傅倩宇

封面设计:何东琳设计工作室

责任印制:朱曼丽

出版发行	西南财经大学出版社(四川省成都市光华村街 55 号)
网　　址	http://www.bookcj.com
电子邮件	bookcj@foxmail.com
邮政编码	610074
电　　话	028-87353785
照　　排	四川胜翔数码印务设计有限公司
印　　刷	郫县犀浦印刷厂
成品尺寸	185mm×260mm
印　　张	13.5
字　　数	315 千字
版　　次	2016 年 1 月第 1 版
印　　次	2020 年 11 月第 5 次印刷
印　　数	10001— 11000 册
书　　号	ISBN 978-7-5504-2289-6
定　　价	29.80 元

前 言

　　如今计算机和互联网络技术已广泛应用于各行各业。学习计算机基础知识，掌握计算机的基本操作方法，提高计算机的应用能力，是每个现代人必备的基本素质之一。

　　本书根据教育部考试中心制定的《全国计算机等级考试一级 MS Office 考试大纲》编写而成。

　　本书的内容主要包括计算机基础知识、Windows 7、Word 2010、Excel 2010、Power Point 2010、计算机网络基础知识等。

　　本书除了介绍计算机的基本概念及操作方法外，各章后面还提供了相应操作练习，使读者在理解相关概念及基本知识的基础上，熟悉计算机的操作环境及相关应用。

　　由于编写时间仓促，书中难免有疏漏和不足之处，敬请读者批评指正。

编者

目 录

第一章 计算机基础知识 ……………………………………………… （1）

  第一节 计算机的发展及应用 ……………………………………… （1）

  第二节 计算机中数据的表示与存储 ……………………………… （6）

  第三节 计算机系统 ………………………………………………… （12）

  第四节 计算机的软件系统 ………………………………………… （18）

  第五节 计算机病毒 ………………………………………………… （21）

  第六节 选择题 ……………………………………………………… （24）

第二章 Windows 7 操作系统 ……………………………………… （30）

  第一节 操作系统的概念 …………………………………………… （30）

  第二节 Windows 简介 ……………………………………………… （31）

  第三节 Windows 7 操作系统界面 ………………………………… （33）

  第四节 Windows 7 窗口组成 ……………………………………… （37）

  第五节 Windows 文件管理 ………………………………………… （42）

  第六节 Windows 7 资源管理器的操作 …………………………… （42）

  第七节 Windows 7 上机操作题 …………………………………… （46）

第三章 Word 2010 的使用 ………………………………………… （47）

  第一节 Word 2010 基础 …………………………………………… （47）

  第二节 Word 的基本操作 ………………………………………… （49）

  第三节 Word 的字体和段落设置 ………………………………… （56）

  第四节 Word 表格制作 …………………………………………… （65）

  第五节 Word 的图片混排功能 …………………………………… （72）

  第六节 Word 操作题 ……………………………………………… （76）

第四章　Excel 2010 的使用 ···························· (80)

第一节　Excel 2010 的基本概念 ···················· (80)

第二节　工作表格式化 ···························· (89)

第三节　公式与函数 ···························· (94)

第四节　图表 ·································· (104)

第五节　数据清单操作 ························· (110)

第六节　Excel 操作题 ························· (123)

第五章　PowerPoint 2010 的使用 ···················· (126)

第一节　PowerPoint 基础 ························· (126)

第二节　创建演示文稿 ························· (127)

第三节　PowerPoint 视图 ························· (136)

第四节　幻灯片放映设计 ······················· (137)

第五节　母版的应用 ························· (142)

第六节　模板的应用 ························· (143)

第七节　打印幻灯片 ························· (146)

第八节　PowerPoint 操作题 ····················· (148)

第六章　计算机网络 ······························· (152)

第一节　计算机网络概述 ······················· (152)

第二节　计算机网络的体系结构 ·················· (159)

第三节　Internet 基础及应用 ···················· (160)

第四节　Internet Explorer 浏览器的使用 ············· (165)

第五节　Outlook 2010 的使用 ···················· (170)

第六节　练习题 ···························· (179)

习题参考答案 ···································· (182)

考试大纲 ………………………………………………………… （198）

考试时间 ………………………………………………………… （201）

考试题型 ………………………………………………………… （202）

第一章 计算机基础知识

【学习重点】

本章紧扣考试大纲要求，介绍计算机的基本概念及其计算机系统的组成。本章共使用 8 个学时，学习掌握以下知识点：

1. 计算机的发展及应用。
2. 计算机中数据的表示、存储与处理。
3. 计算机硬件系统的组成、功能和工作原理。
4. 计算机软件系统的概念、组成和功能。
5. 计算机性能和主要技术指标。
6. 多媒体技术的概念及应用。
7. 计算机病毒的概念、特征、分类与防治。

第一节 计算机的发展及应用

计算机（Computer）俗称电脑，是 20 世纪最先进的科学技术发明之一。其特点为：速度快、精度高、存储容量大、通用性强、具有逻辑判断和自动控制能力，是一种能自动、高速、精确地对信息进行存储、传送与加工处理的电子设备。在信息化社会的今天，由于计算机强大的信息处理能力，对人类的生产活动和社会活动产生了极其重要的影响，并以其强大的生命力飞速发展。掌握以计算机为核心的信息处理技术的基础知识和应用能力，是每一个现代人必备的基本素质之一。

一、计算机的发展

世界上第一台电子数字计算机诞生于 1946 年，取名为电子数字积分计算机（Electronic Numerical Integrator and Calculator，ENIAC）。如图 1-1 所示。ENIAC 使用了 18 000多个电子管、10 000 多个电容器、7 000 个电阻、1 500 多个继电器，耗电 150 千瓦，重量达 30 吨，占地面积为 170 平方米。它的加法速度为每秒 5 000 次。ENIAC 不能存储程序，只能存储 20 个字长为 10 位的十进制数。ENIAC 的问世，宣告了电子计算机时代的到来，开辟了计算机科学的新纪元。

图 1-1 第一台电子数字计算机 ENIAC

在计算机发展史上的又一次突破是由美籍匈牙利科学家冯·诺依曼的设计小组完成的。冯·诺依曼的设计小组在总结研制 ENIAC 时，提出了 ENIAC 的优势和不足，开始构思一个更完整的计算机体系方案。他们首先提出了"存储程序"的全新概念，奠定了存储程序式计算机的理论基础，确立了现代计算机的基本结构。他们研制出人类第一台具有存储程序功能的计算机 EDVAC。

EDVAC 是按照冯·诺依曼的思想来设计的。EDVAC 由五大部件组成：运算器、控制器、存储器、输入设备和输出设备。该计算机中的程序和数据全部采用二进制形式进行运算操作。当将指令和数据存储到计算机中，计算机采用"存储程序"和"程序控制"的工作方式自动执行指令完成任务。

EDVAC 计算机的问世，使冯·诺依曼提出的存储程序的思想和结构设计方案成为现实。

时至今日，现代的电子计算机仍然采用冯·诺依曼体系结构，也被称为冯·诺依曼计算机。

从世界上第一台电子数字计算机问世至今，按照计算机所采用的电子元器件的不同，一般将计算机的发展划分为以下四个阶段（也称为四代）。

第一代（1946—1959 年），电子管计算机时代。该阶段的计算机采用的是电子管元件，属于计算机发展的初级阶段。此阶段的计算机的体积大、耗电大、速度慢、存储容量小，主要采用机器语言、汇编语言进行科学计算。

第二代（1959—1964 年），晶体管计算机时代。该阶段的计算机采用的是晶体管元件。此阶段计算机操作系统软件日益成熟，主要采用高级语言进行科学计算、数据处理、工业控制。

第三代（1964—1972 年），小规模集成电路计算机时代。该阶段的计算机采用的是小规模集成电路。此阶段的计算机体积明显缩小，运算速度和性能明显提高，主要应用面向科学计算、数据处理、工业控制、文字处理、图形处理领域。

第四代（1972 年至今），大规模和超大规模集成电路计算机时代。该阶段的计算机采用的是大规模和超大规模集成电路。此阶段微型计算机技术发展迅猛，互联网技术得到广泛应用，计算机应用于数据库、网络等各个领域。

二、微型计算机的发展

微型计算机诞生于 20 世纪 70 年代。人们通常把微型计算机叫做 PC 机或个人电脑。微型计算机的体积小，安装和使用十分方便。微型计算机的逻辑结构同样遵循冯·诺依曼体系结构，由运算器、控制器、存储器、输入设备和输出设备五大部分组成。其中，运算器和控制器（CPU）被集成在一个芯片上，也被称为微处理器。微处理器的性能决定了微型计算机的性能。

Intel 公司的微处理器发展迅速，20 世纪 70 年代初，Intel 公司成功地研制出了世界上第一块微处理器 4004，其字长只有 4 位。利用这种微处理器组成了世界上第一台微型计算机 MCS-4。1981 年 8 月，IBM 公司推出第一台 PC 机。1993 年，推出新一代微处理器 Pentium（奔腾）。使微处理器的性能提高到一个新的水平。2000 年 11 月，Intel 推出 Pentium 4（奔腾 4）芯片，使个人电脑在网络应用以及图像、语音和视频信号处理等方面的功能得到了新的提升。2007 年，推出 Intel 四核心服务器处理器。

目前，双核处理器已经普及，四核处理器已经在市面上出现，未来的处理器将向多核方面发展，一代更比一代强。随着电子技术的发展，微处理器的集成度越来越高，运行速度成倍增长。微处理器的发展使微型计算机高度微型化、快速化、大容量化和低成本化。

世界上生产微处理器的公司主要有 Intel、AMD、IBM 等。

三、计算机的发展趋势

未来的计算机将朝巨型化、微型化、网络化与智能化的方向发展。

（1）巨型化是指运算速度更快、存储容量更大、功能更强的超大型计算机。

（2）微型化是指计算机更加小巧、价廉、软件丰富，功能强大。如个人计算机（PC 机）、笔记本电脑、掌上电脑等。

（3）网络化是指将不同区域、不同种类的计算机连接起来，实现信息共享，使人们更加方便地进行信息交流。现代计算机的网络技术应用，已引发了信息产业的又一次革命。

（4）智能化是建立在现代科学基础上的综合性很强的边缘学科。它可以让计算机模仿人的感觉、行为、思维过程，使计算机不仅具有计算、加工、处理等能力，还具有思维与推理、学习与证明的能力。智能计算机将会代替人类某些方面的脑力劳动。

四、计算机的分类

计算机的分类方式有很多，可以按照计算机的规模以及用途，从不同的角度进行分类。

（1）按计算机应用范围，可以划分为通用计算机和专用计算机。

通用计算机具有广泛的用途和使用范围，应用于科学计算、数据处理和过程控制等。如个人计算机属于通用计算机。

专用计算机是适用于某一特殊的应用领域，用于特定的目的而设计的计算机。如火箭、导弹上的计算机大部分属于专业计算机。

（2）按计算机处理数据方式，可以划分为电子数字计算机、电子模拟计算机和数模混合计算机。

电子数字计算机是指参加运算的数值采用离散的数字量表示，其运算过程按数字进位进行计算的计算机。电子数字计算机运算的速度快、精度高。

电子模拟计算机是指参加运算的数值以不间断的连续量表示，运算过程连续的计算机。电子模拟计算机运算精度较低，应用范围较窄，目前已很少生产。

（3）按计算机规模和处理能力，可以划分为巨型计算机、大型计算机、小型计算机、微型计算机。

巨型计算机是指速度最快，处理能力最强的计算机。大型计算机采用并行处理技术，具有很强的数据处理能力。中型计算机主要用于事务数据处理，如银行系统、证券系统、大型企业的信息管理系统等。小型计算机体积小、功能强、维护方便。微型计算机结构简单、软件丰富，面向个人使用。

五、计算机的主要特点

计算机能够在各行各业得到广泛的应用，是由它的特点所决定的。其主要特点如下：

（1）高速、精确的运算能力。

（2）准确的逻辑判断能力。

（3）强大的存储与记忆能力。

（4）自动控制能力。

（5）网络与通信能力。

目前世界上已经有了超过每秒亿亿次运算速度的计算机。2014 年 6 月公布的世界超级计算机排名显示，排名第一的是我国的"天河一号"，实测运行速度可以达到每秒 3.386 亿亿次，比排名第二的美国"泰坦"超级计算机速度快近一倍。

由于计算机内部采取二进制数字进行运算，可以计算出精确到小数点后 200 万位的 π 值。

计算机的存储能力大得惊人。它可以记住一个大型图书馆的所有资料，还可以长久保存各种数据、文字、图像、视频、声音的信息。

六、计算机的主要应用

计算机的应用非常广泛，已经渗透到人类社会的各个方面。其主要应用领域有：

（一）科学计算（数值计算）

科学计算又称为数值计算，是指用于科学技术和工程设计的数学问题的计算。它是计算机应用的重要领域。例如，航天数据计算、建筑设计计算、卫星轨道计算、天气预报等。

（二）信息处理

信息处理是利用计算机管理各种形式的数据资料，按照不同的要求收集、分类、整理、加工、存储、传递数据与信息。它是计算机应用最广泛的领域。例如，财务管理、库存管理、图书检索、铁路、民航订票系统、电子商务系统、银行的金融信息系统等。

（三）实时控制

实时控制又称为过程控制，是指利用计算机及时收集检测数据，实现生产过程的实时数据处理。过程控制的应用，提高了生产过程的工作效率。例如，自动化生产线、数控车床等。

（四）辅助系统

计算机辅助系统主要包括以下几个方面：①计算机辅助设计（CAD）；②计算机辅助教学（CAI）；③计算机辅助制造（CAM）；④计算机辅助测试（CAT）等。

（五）人工智能

人工智能是一门利用计算机来模拟人的思维、感知、判断、理解活动的应用。例如，智能机器人的应用、医疗专家系统、故障诊断、案件侦破、经营管理等。

（六）网络通信

网络通信是利用计算机技术、数字通信技术和网络技术的结合，实现信息传递、实时通信、资源共享，特别是利用互联网获得更多信息资源。

（七）多媒体应用

多媒体应用是利用多媒体技术和计算机技术，把文字、声音、图形、图像、音频、视频、动画信息有机地结合起来，进行集成化的处理。例如，多媒体广泛应用于电子出版、文化娱乐、广告宣传、商业、教学、家庭等。

随着网络建设的进一步完善，计算机越来越成为人类生活的必需品。它主要用于人们的电子邮件、传真、网络电话、网络会议、专题讨论、聊天、博客、新闻、电子公告、电子商务、影视娱乐、信息查询、教育等。

在商业领域，电子商务早已进入实际应用。电子商务是利用开放的网络系统进行的各项商务活动。它采用了一系列以电脑网络为基础的现代电子工具，如电子数据交换、电子邮件、电子资金转账、数字现金、电子密码、电子签名、条形码技术、图形处理技术等。电子商务可以实现商务过程中的产品广告、签订合同、供货、发运、投保、通关、结算、批发、零售、库存管理等环节的自动化处理。

总之，计算机已经应用到人类生活、生产及科学研究的各个领域中，以后的应用还将更深入、更广泛，其自动化程度也将会更高。

第二节　计算机中数据的表示与存储

一、数据和信息的概念

（一）数据

数据是对客观事物特征的具体描述，数据是存储在某种媒体上可以鉴别的符号资料。"符号"是指数字、文字、字母和其他特殊符号，以及图形、图像、动画、影像、声音等，如学生名册中的"王平"表示姓名等。

（二）信息

信息是对客观事物的抽象描述，是对大量数据经过加工后得到的结果。信息能够提供给人们进行管理和决策。

（三）数据和信息的关系

信息是有用的、经过加工的有用的数据。数据是描述客观事实、概念的一组文字、数字或符号等，是信息的素材、载体和表达形式。信息是从数据中加工、提炼出来的，用于帮助人们正确决策的有用数据. 它的表达形式是数据。

二、数制

数制是人们利用符号来计数的科学方法。在日常生活中，人们最熟悉的是十进制，在计算机中，会接触到二进制、八进制、十进制和十六进制，各种进制的共同之处是进位计数。

计算机内部是一个二进制的数字世界，一切信息的存取、处理和传送都是以二进制编码形式进行的。二进制只有 0 和 1 这两个数字符号，用 0 表示低电平，用 1 表示高电平。计算机采用二进制，其特点是：运算器电路在物理上很容易实现，运算简便，运行可靠，逻辑计算方便。

（一）二进制的优点

（1）技术实现简单；

（2）简化运算规则；

（3）适合逻辑运算；

（4）易于进行转换。

（二）在计算机中，各种进制可以用不同的后缀表示

（1）二进制用 B 表示。

例如，1101B 也可以写成：$(1101)_2$。

（2）十进制用 D 表示。

例如，78D 也可以写成：$(78)_{10}$。

（4）十六进制用 H 表示。

例如，2DH 也可以写成：$(2D)_{16}$。

（5）八进制用 O 表示。

例如，27O 也可以写成：$(27)_8$。

三、各进制的转换

（一）将十进制数转换成二进制数

将十进制整数转换成二进制整数的方法是"除 2 取余"，即：将十进制数除以 2，得到一个商数和余数；再将其商数除以 2，又得到一个商数和余数；以此类推，直到商数等于零为止。

【例 1-1】将十进制数 57 转换成二进制数。

将十进制数 57 转换成二进制数的过程如下：

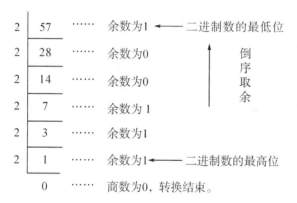

因此，$(57)_{10} = (111001)_2$。

（二）将十进制数转换成八进制数

将十进制整数转换成八进制数与转换成二进制数的方法相似，但采用的规则是"除八取余"。即：将十进制数除以 8，得到一个商数和余数；再将其商数除以 8，又得到一个商数和余数；以此类推，直到商数等于零为止。在八进制数中，数字的符号为 0，1，2，3，4，5，6，7。

【例 1-2】将十进制数 62 转换成八进制数。

将十进制数 62 转换成八进制数的过程如下：

```
8 │ 62    ……  余数为6
8 │  7    ……  余数为7
      0    ……  商数为0，转换结束。
```

因此，$(62)_{10} = (76)_2$。

（三）将十进制数转换成十六进制数

按照十进制数转换成其他进制的原则，将十进制数转换成十六进制数的方法是"除 16 取余"。在十六进制数中，用 A 表示 10、B 表示 11、C 表示 12、D 表示 13、E 表示 14、F 表示 15。

【例 1-3】将十进制数 87 转换成十六进制数。

将十进制数 87 转换成十六进制数的过程如下：

$$16 \underline{| 87} \quad \cdots\cdots \text{余数为7}$$
$$16 \underline{| 5} \quad \cdots\cdots \text{余数为5}$$
$$0 \quad \cdots\cdots \text{商数为0，转换结束。}$$

因此，$(87)_{10} = (57)_{16}$。

（四）将二进制数转换成十进制数、八进制数与十六进制数

（1）将二进制数转换成十进制数

将二进制数转换成十进制数的方法是：以 2 为基数，每一位数字分别乘以它的权位 2^n，展开后求和。

【例 1-4】将二进制数 1111101 转换成十进制数。

$$(1111101)_2 = 1\times2^6 + 1\times2^5 + 1\times2^4 + 1\times2^3 + 1\times2^2 + 0\times2^1 + 1\times2^0$$
$$= 64+32+16+8+4+1$$
$$= (125)_{10}$$

因此，$(11111001)_2 = (125)_{10}$。

（五）将二进制数转换成八进制数

将一个二进制数转换为八进制数的方法是将二进制数从右向左每三位分成一组，每一组代表一个 0~7 的数。其概况为："三合一"方法，用三位二进制表示一位八进制。

二进制数与八进制数的对应关系如表 1-1 所示。

表 1-1　二进制与八进制数的对应关系

八进制数	二进制数
0	000
1	001
2	010
3	011
4	100
5	101
6	110
7	111

【例1-5】$(1101000)_2 = (001，101，000)_2 = (150)_8$。

（六）将二进制数转换成十六进制数

将一个二进制数转换为十六进制数的方法是：将二进制数从右向左每四位分成一组，每一组代表一个 0~9、A、B、C、D、E、F 之间的数。其概况为："四合一"方法，用四位二进制表示一位十六进制。

二进制数与十六进制数的对应关系如表1-2所示。

表1-2   各进制数的对应关系

十六进制数	二进制数	十六进制数	二进制数
0	0000	8	1000
1	0001	9	1001
2	0010	A	1010
3	0011	B	1011
4	0100	C	1100
5	0101	D	1101
6	0110	E	1110
7	0111	F	1111

【例1-6】$(10010101111101)_2 = (0010，0101，0111，1101)_2 = (257D)_{16}$。

（七）将八进制数、十六进制数转换成十进制数

将八进制数转换成十进制数，将十六进制数转换成十进制数，与二进制数转换成十进制数的方法相同，它的基数分别是 8 和 16，每一位数字分别乘以它的权位 8^n 和 16^n。

【例1-7】将八进制数 75 转换成十进制数。

将八进制数 75 转换成十进制数的方法如下：

$(75)_8 = 7×8^1+5×8^0 = 56+5 = (61)_{10}$

八进制数 75 转换成十进制数为 61。

【例1-8】将十六进制数 2A3 转换成十进制数。

将十六进制数 2A3 转换成十进制数的方法如下：

$(2A3)_{16} = 2×16^2+10×16^1+3×16^0 = 512+160+3 = (675)_{10}$

十六进制数 2A3 转换成十进制数为 675。

四、数据的单位

（一）位（Bit）

位（Bit）是计算机中最小的数据单位。

它是二进制的一个数位，简称位。一个二进制位可表示两种状态（0 或 1）。两个二进制位可表示四种状态（00，01，10，11）。

（二）字节（Byte）

字节（Byte）是计算机中最小的存储容量最基本的单位。

8 位二进制为 1 个字节。通常还用到 KB（千字节）、MB（兆字节）、GB（千兆字节）、TB（千千兆字节或太字节）。

它们之间的换算关系如下：

1B = 8bit

1KB = 1024B

1MB = 1024KB

1GB = 1024MB

1TB = 1024GB

（三）字长（Word）

字长（Word）是计算机存储、传送、处理数据的信息单位。

字长用计算机一次操作的二进制位最大长度来描述。字长是计算机的一个重要指标，直接反映一台计算机的计算能力和精度。字长越长，存放数的范围越大，计算机的数据处理速度越快。常见的字长有 8 位、16 位、32 位、64 位，现在微型计算机的字长达到 64 位，大型计算机的字长已经达到 128 位。

字长是计算机的一个重要指标，直接反映一台计算机的计算精度、功能和速度。字长越长，计算机的数据处理速度越快。

五、信息编码

（一）字符编码——ASCII 码

ASCII 编码即美国标准信息交换码，是微型计算机普遍采用的字符编码，现在已被国际标准化组织认定为国际标准。

ASCII 码有 7 位版本和 8 位版本两种。7 位 ASCII 版是全世界最通用的版本。它用 7 个二进制位来进行信息编码，共有 128 个编码，可表示 2^7 共 128 个字符。它包括 32 个通用控制符、10 个十进制数字、52 个大小写英文字母和 34 个专用符号。

计算机内存中以字节作为基本单位，7 位 ASCII 编码虽然只有 7 位，但在计算机内仍然占用了 8 位，最高位为 0 时，称为基本 ASCII 码。

例如：字母"A"的 ASCII 码是"01000001"，在计算机内存中存储的是 ASCII 编码，屏幕显示的是"A"的符号。一个 ASCII 码占用 1 个字节。字母"A"占用一个字节。

（二）汉字编码——国标码

ASCII 编码只对英文字母、数字和标点符号进行了编码。汉字编码是解决汉字在计算机中保存的问题。GB2312-80 是我国制定的国家标准，是用于汉字信息处理所用代码的依据。该标准规定了信息交换用的 6 763 个汉字和 682 个非汉字图形符号的代码。其中：一级汉字按照汉字拼音的顺序排列，共有 3 755 个；二级汉字按照汉字的偏旁部首排列，共有 3 008 个。汉字数量庞大，用一个字节无法区分，因此一个汉字编码占用 2 个字节。

区位码汉字被排列成 94 行、94 列。其行号称为区号、列号称为位号，其实就是在双字节中，用高字节表示区号、低字节表示位号。非汉字图形符号置于第 1~11 区，一级汉字 3 755 个置于第 16 ~55 区，二级汉字 3 008 个置于第 56~87 区。

例如，汉字"啊"的区位码为 1601，即 16 区 01 位。如果将其转换为国标码，先将 1601 十进制转换为十六进制。其方法是：将 1601 分成 16 和 01 分别转换为十六进制。

因为 16D＝10H，01D＝01H，因此，将十进制转换为十六进制时有 1601D＝1001H。（其中，D 表示十进制，H 表示十六进制）。

通过换算：区位码+2020H 可以等于国标码编码。

因此，1001H+2020H＝3021H

所以，汉字"啊"的国标码为十六进制的 3021。

区位码和国标码之间的转换方法是将一个汉字的十进制区号和十进制位号分别转换成十六进制数，然后再分别加上 20H，就成为此汉字的国标码。

汉字国标码＝区位号（十六进制数）+2020H

得到汉字的国标码之后，我们就可以使用以下公式计算汉字的机内码。

汉字机内码＝汉字国标码+8080H

国标码、机内码、区位码的关系如下：

国标码＝区位码+2020H

机内码＝国标码+8080H

机内码＝区位码+A0A0H

（三）汉字输入码

汉字输入码也叫外码，是由键盘上的字符和数字组成的。目前流行的编码方案有全拼输入法、双拼输入法、自然码输入法和五笔输入法等。

（四）汉字内码

汉字内码是在计算机内部对汉字进行存储、处理的汉字代码，它应能满足存储、处理和传输的要求。一个汉字输入计算机后就转换为内码。内码需要两个字节存储，每个字节以最高位置"1"作为内码的标识。

例如：将汉字"啊"（国标码为十六进制的 3021）转换为机内码。

将国标码转换为汉字的机内码的方法是：国标码+8080H＝机内码。

因此，3021H+8080H＝B0A1H。汉字"啊"的机内码为 B0A1H。（H 表示十六进制）

如果将汉字"啊"的机内码 B0A1H 转换为二进制编码，可以采用 1 位十六进制编码用 4 位二进制表示。因此，B0A1H＝1011000010100001B。（B 表示二进制）

（五）汉字字型码

汉字字型码也叫汉字字模或汉字输出码。在计算机中，对一个汉字而言，行列数越多，描绘的汉字越精细，字体就越漂亮，但占用的存储空间也越多。现在常用的汉字字形点阵有 16×16 点阵、24×24 点阵、32×32 点阵等。

8 个二进制位组成一个字节，一个 16 ×16 点阵的字型码，一个汉字需要占用 16 × 16/8＝32 字节存储空间。

第三节　计算机系统

一个完整的计算机系统由硬件系统和软件系统两大部分组成。

计算机硬件是指构成计算机的有形的物理设备，是看得见、摸得着的机器部分，它包括主机和外部设备。如冯·诺依曼计算机中提到的五大组成部件都属于硬件。

计算机软件是指在硬件设备上运行的各种程序和文档。计算机软件用于控制计算机执行各种动作，以便完成指定任务，在硬件设备上运行各种程序。如果计算机不配置任何软件，计算机硬件就无法发挥其作用。硬件与软件的关系是相互配合，共同完成其工作任务。如果说硬件是工具，那么软件就是使用工具的方法。如图1-2所示。

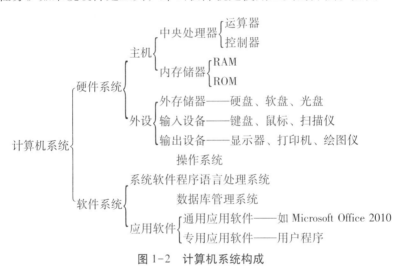

图1-2　计算机系统构成

一、硬件系统的组成

冯·诺依曼的计算机结构包括运算器、控制器、存储器、输入设备和输出设备五大部分。如图1-3所示。

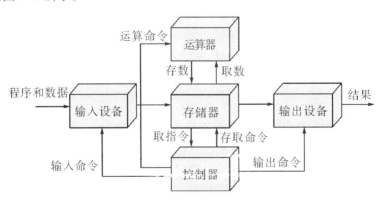

图1-3　计算机的基本结构

计算机是用来加工处理数据的，我们可以把计算机看成一个加工厂。

把计算机看成一个加工厂。				
控制器 （厂长办公室）	运算器 （车间）	存储器 （仓库）	输入设备 （采购）	输出设备 （销售）

（1）计算机首先通过输入设备将编制好的程序和数据输入计算机中。输入设备好比工厂的采购部门。

（2）将程序和数据存放在存储器中。存储器好比仓库。

（3）由控制器对程序的指令进行解释执行，调动运算器对相应的数据进行算术或逻辑运算，处理的中间结果和最终结果仍送回存储器中。控制器好比厂长办公室。

（4）将运算的结果通过输出设备输出。输出设备好比销售。

二、硬件部分的作用

（一）运算器

运算器又称为算术逻辑部件。它由算术逻辑运算部件（ALU）、移位器和一些暂存数据的寄存器组成。运算器是进行算术运算和逻辑运算的部件。

（二）控制器

控制器主要由程序计数器、指令寄存器、指令译码器和操作控制器等部件组成。它是分析和执行指令的部件，是计算机的神经中枢和指挥中心，统一指挥和负责控制计算机各部件按时序协调操作的部件。

计算机的主机由运算器、控制器和存储器组成。运算器和控制器制作在一个半导体芯片上，称为中央处理器或微处理器，英文缩写为 CPU。

（三）存储器

存储器是存储各种信息（如程序和数据等）的部件或装置。存储器分为主存储器（或称内存储器，简称内存）和辅助存储器（或称外存储器，简称外存）。

（四）输入设备

输入设备是用来把计算机外部的程序、数据等信息送入计算机内部的设备。常用的输入设备有键盘、鼠标、光笔、扫描仪、数字化仪、麦克风等。

（五）输出设备

输出设备负责将计算机的内部信息传递出来（称为输出），或在屏幕上显示，或在打印机上打印，或在外部存储器上存放。常用的输出设备有显示器和打印机等。

三、电子计算机的工作原理

计算机的基本原理是存储程序和程序控制。预先要把指挥计算机如何进行操作的指令序列（称为程序）和原始数据通过输入设备输送到计算机内存储器中。每一条指令中明确规定了计算机从哪个地址取数，进行什么操作，然后送到什么地址去等步骤。

计算机内部采用二进制来表示指令和数据。每条指令一般有一个操作码和一个地址码。其中，操作码表示运算性质，地址码表示操作数在储存中的地址。一台计算机可能有多种多样的指令，这些指令的集合称为该计算机的指令系统。

计算机的工作过程，就是执行程序的过程。怎样组织程序，涉及计算机体系结构问题，现在的计算机都是基于"程序存储"概念设计制造出来的。

如果想叫计算机工作，就是先把程序编出来，然后通过输入设备送到存储器保存起来，即程序存储。执行程序就是根据冯·诺依曼的设计思想，计算机自动执行程序，而执行程序又归结为逐条执行指令。

执行一条指令可以分为以下四个基本操作步骤：

（1）取出指令：从存储器某个地址中取出要执行的指令送到 CPU 内部的指令寄存器中暂存。

（2）分析指令：把保存在指令寄存器中的指令送到指令译码器，译出该指令对应的操作。

（3）执行指令：根据指令译码，向各个部件发出相应控制信号，完成规定的各种操作。

（4）为执行下一条指令做好准备，即取出下一条指令地址。

四、微型计算机的基本配置

一台微型计算机的硬件系统主要由中央处理器、主板、机箱、存储器、输入设备和输出设备组成。如图 1-4、图 1-5 所示。

图 1-4　个人电脑

图 1-5　笔记本电脑

（一）中央处理器（CPU）

CPU 主要由运算器和控制器组成，是微型计算机硬件系统中的核心部件。CPU 处理数据速度的快慢，直接影响到整台计算机性能的发挥。计算机所发生的全部动作都受 CPU 的控制，CPU 品质的高低通常决定了一台计算机的档次。

CPU 性能的主要参数包括内核数量、运行频率、缓存、接口方式、工作电压等。各种类型的 CPU 如图 1-6 所示。

图 1-6　各种类型的 CPU

（二）主板

主板又称为母板，是用来承载 CPU、内存、扩展卡等部件的基础平台，同时担负各种计算机部件之间的通信、控制和传输任务。主板起着硬件资源调度中心的作用，影响整个计算机硬件系统的稳定性、兼容性及性能。主板的外形如图 1-7 所示。

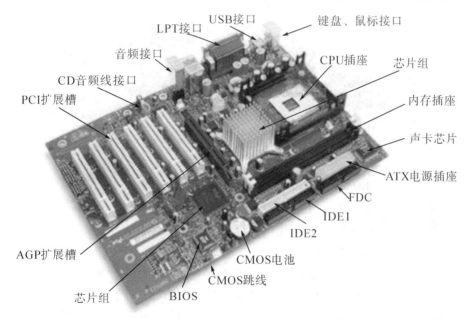

图 1-7　主板外形图

计算机主板安装在机箱内，是计算机最基本的也是最重要的部件之一。主板上面安装了组成计算机的主要电路系统，一般有 BIOS 芯片、I/O 背板接口、键盘和面板控制开关接口、内存插槽、CMOS 电池、南北桥芯片、PCI 插槽等。

（三）内存储器

内存储器简称内存，内存能与 CPU 直接交换信息，内存是用于暂时存放 CPU 中的运算数据以及与硬盘等外部存储器交换的数据。只要计算机在运行中，CPU 就会把需要运算的数据调到内存中进行运算，当运算完成后 CPU 再将结果传送出来。

内部存储器按其存储信息的方式可以分为只读存储器 ROM（Read Only Memory）、

随机存储器 RAM（Random Access Memory）和高速缓冲存储器 Cache。

1. 随机存储器（RAM）

RAM 的存储单元可以进行读写操作，是一种可读可写的存储器，又称为随机存储器。RAM 存储的信息不能永远保持不变，断电时 RAM 中的内容立即丢失。因此，计算机每次启动时都要对 RAM 进行重新装配。目前有静态随机存储器（SRAM）和动态随机存储器（DRAM）。SRAM 的读写速度快，但价格昂贵，主要用于高速缓存存储器（Cache）。DRAM 相对于 SRAM 而言，读写速度较慢，价格较低廉，因而用做大容量存储器。

为了提高速度并扩大容量，内存必须以独立的封装形式出现，这就是"内存条"概念。衡量内存条的性能最主要的指标包括内存速度和内存容量。内存容量是指该内存条的存储容量，是内存条的关键性参数。单条内存的容量一般为 128MB、256MB、512MB、1GB 甚至更大的容量。一般而言，内存容量越大，越有利于系统的运行。内存条外形如图 1-8 所示。

图 1-8　内存条外形图

2. 只读存储器（ROM）

ROM 是一种只能读不能写的存储器，其中的信息被永久地写入，不受断电的影响，即使在关掉计算机的电源后，ROM 中的信息也不会丢失。

3. 高速缓冲存储器（Cache）

Cache 高速缓冲存储器是进行高速存取的存储器，可以提高存储器的速度，用于解决 CPU 与内存速度不匹配的问题，提高计算机系统的性能。高速缓冲存储器负责 CPU 与内存之间的缓冲，使存取速度接近 CPU。高速缓冲的结构和大小对 CPU 速度的影响非常大，高速缓冲存储器的大小也是 CPU 的重要指标之一。

（四）外存储器

目前最常用的外存有软盘、硬盘和光盘。它用于存放暂时不用的程序和数据不能直接被 CPU 访问，但它可以与内存成批交换信息，即外存中的信息只有被调入内存才能被 CPU 访问。外存相对于内存而言，其特点是：存取速度较慢，但存储容量大，价格较低，信息不会因断电而丢失。外部存储器有硬盘、光盘、优盘、MP3、MP4、数码伴侣等，如图 1-9 所示。

图 1-9　硬盘、光盘、优盘、MP3、MP4、数码伴侣

存储设备既是输入设备又是输出设备。

（五）输入设备

输入设备是向计算机输入信息的外部设备。计算机的输入设备按功能可以分为下列几类：

（1）字符输入设备：键盘。

（2）光学阅读设备：光学标记阅读机、光学字符阅读机。

（3）图形输入设备：鼠标器、操纵杆、光笔。

（4）图像输入设备：摄像机、扫描仪、传真机。

（5）各种外部输入设备（键盘、鼠标、扫描仪等），如图 1-10 所示。

图 1-10　各种外部输入设备

（六）输出设备

输出设备是把计算机处理的数据、计算机结果等内部信息转换为人们习惯的信息形式进行输出。输出设备有显示器、音箱、打印机、绘图仪等，如图 1-11 所示。

图 1-11　各种外部输出设备

（七）总线

在计算机系统中，各个部件之间传送信息的公共通路叫总线。微型计算机是以总线结构来连接各个功能部件的。

总线是一种内部结构，它是 CPU、内存、输入、输出设备传递信息的公用通道。主机的各个部件通过总线相连接，外部设备通过相应的接口电路再与总线相连接，从而形成了计算机硬件系统。如图 1-12 所示。

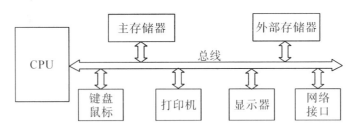

图 1-12　基于总线结构的计算机的示意图

总线（Bus）是计算机各种功能部件之间传送信息的公共通信干线，它是由导线组成的传输线束。按照计算机所传输的信息种类，计算机的总线可以划分为数据总线、地址总线和控制总线，分别用来传输数据、数据地址和控制信号。

五、微型计算机的主要技术指标

微型计算机功能的强弱或性能的好坏，不是由某项指标决定的，而是由它的系统结构、指令系统、硬件组成、软件配置等多方面的因素综合决定的。对大多数普通用户来说，可以用以下几个指标来大体评价微型计算机的性能：

（1）运算速度是衡量 CPU 工作快慢的指标。通常运算速度是指每秒钟能够执行的指令条数，一般用"百万条/秒"（mips）来描述。微型计算机通常采用主频来描述运算速度，一般来说主频越高，运算速度越快。

（2）时钟频率是 CPU 在单位时间内发出的脉冲数。时钟频率也是评定 CPU 性能的重要指标，时钟频率的值越大越好。通常，它用 M_{HZ}（兆赫兹）、GHZ（千兆赫兹）单位表示。

（3）字长是 CPU 进行运算和数据处理的最基本、最有效的信息位长度。字长越长，性能越强。

（4）内存容量是衡量计算机记忆能力的指标。

以上是微型计算机的主要性能指标。还有一些其他指标，如输入输出传输速率、外设配置、软件配置、可靠性、兼容性等。

第四节　计算机的软件系统

计算机的软件系统是支持计算机运行、管理和维护计算机而编制的各种指令、程序和文档的总称。

一、软件的概念

软件是计算机的灵魂，没有软件的计算机是无法工作的，它只是一台机器而已。软件是用户与硬件之间的接口，用户通过软件使用计算机硬件资源。

计算机之所以能够自动而连续地完成预定的操作，就是运行特定程序的结果。计算机程序通常由计算机语言来编制，编制程序的工作称为程序设计。

（1）软件由程序、数据和文档三部分组成。

（2）程序是按照一定顺序执行的、能够完成某一任务的指令集合。

（3）数据是指各种信息集合，包括数值的与非数值的。

（4）文档是指用自然语言（汉语或英语）对程序进行描述的文本。

计算机的软件系统一般分为系统软件和应用软件两大部分。

计算机软件系统的组成如图1-13所示。

```
                ┌操作系统（如 DOS、Windows、UNIX、OS/2 等）
                │语言编译和解释系统
          系统软件│程序设计语言（如汇编语言、BASIC、C、FORTRAN、PASCAL 等）
                │网络软件、数据库管理系统（如 FoxBASE、Oracle 等）
软件系统          └系统服务程序（如诊断程序等）
                ┌信息管理软件（如工资管理软件、人事管理软件等）
                │科学计算程序
          应用软件│文字与表格处理软件（如 WPS、Word、Excel 等）
                │图形与图像处理软件
                └辅助设计软件（如 CAD、CAM、CAI、CAT 等）
```

图 1-13 计算机软件组成

二、系统软件

系统软件是指负责管理、监控和维护计算机硬件与软件资源的一种软件。系统软件用于发挥和扩大计算机的功能及用途，提高计算机的工作效率，方便用户的使用。系统软件主要包括操作系统、程序设计语言及其处理程序、数据库管理系统、系统服务程序以及故障诊断程序、调试程序、编辑程序等工具软件。

三、应用软件

应用软件是指利用计算机和系统软件为解决各种实际问题而编制的程序。常见的应用软件有科学计算程序、图形与图像处理软件、自动控制程序、情报检索系统、工资管理程序、人事管理程序、财务管理程序以及计算机辅助设计与制造、辅助教学软件等。

四、程序设计语言

如果要让计算机按人的意图进行工作、用于解决实际问题，那么就要人用计算机能够"懂"得的语言和语法格式编写程序并提交计算机执行来实现。编写程序所采用的语言就是程序设计语言。

程序设计语言通常分为机器语言、汇编语言和高级语言。

（一）机器语言

机器语言是计算机唯一能够识别并直接执行的语言。每一条指令都是由 0 和 1 组成的二进制代码序列。机器语言是最低层的面向机器硬件的计算机语言，用机器语言编写的程序不需要任何翻译和解释就能被计算机直接执行。

（二）汇编语言

汇编语言实质上是符号化了的机器语言，所以也是面向机器的语言。用汇编语言编写的程序称为汇编语言源程序，计算机不能直接识别它，必须先把汇编语言程序翻译成机器语言程序（称为目标程序），然后才能被执行。汇编语言对硬件依赖性大，不同微处理器其指令系统不一样，所配备的汇编语言也不一样，故汇编语言程序也难以移植。

（三）高级语言

高级语言表达方式接近于人们对求解过程或问题的描述方法，容易理解、掌握和记忆。用高级语言编写的程序的通用性和可移植性好。用高级语言编写的程序通常称为源程序。计算机不能直接执行源程序。用高级语言编写的源程序必须被翻译成二进制代码组成的机器语言后，计算机才能执行。高级语言的源程序翻译的方法有"解释"和"编译"两种。一个源程序必须经过"编译"和"连接装配"才能成为可执行的机器语言。

五、多媒体的概念

多媒体技术是信息技术领域发展最快、最活跃的技术。多媒体是对文字、图形、动画、音频、视频等各种媒体的统称。多媒体技术是指把文字、音频、视频、图形、图像、动画等多媒体信息通过计算机进行数字化采集、获取、压缩/解压缩、编辑、存储等加工处理，再以单独或合成形式表现出来的一体化技术。

（一）多媒体技术的特点

多媒体技术具有以下特点：

1. 集成性

集成性是指将多媒体信息有机地组织在一起，使文字、声音、图形、图像一体化，综合表达某个完整信息。集成性不仅是指各种媒体的集成，还包含多媒体信息的集成，同时也是多种技术的系统的集成。可以说，多媒体技术包含了当今计算机领域内最新的硬件、软件技术，它将不同性质的设备和信息媒体集成为一个整体，并以计算机为中心综合处理各种信息。

2. 实时性

实时性是指多媒体中的声音、视频、动画图像等与时间是密切相关的，是强实时的，多媒体技术支持对媒体的实时控制与处理。

3. 交互性

交互性是指用户和设备之间的互动，用户不仅能被动地从多媒体的设备中获取多种多媒体信息，而且能主动地向多媒体的设备提出要求及控制信息等。

4. 多样性

多样性是指多媒体信息是多样化的。计算机不再局限于处理数值、文本，而是可以处理更多的信息。

多媒体计算机除了具有以上多媒体技术的四大特征外，还具有数字化的特点，即各种媒体信息都是以数字化的形式存在计算机中的。

多媒体计算机简称 MPC，是指具有对多种媒体进行获取、存储、编辑、检索、显示、传输等操作能力的计算机。多媒体计算机系统由硬件系统和软件系统组成。目前大多数计算机在硬件上都能满足多媒体计算机的要求。

（二）多媒体技术的应用

多媒体技术在很多领域得到了广泛的应用，例如：

（1）教育培训领域；

（2）商业领域；

（3）电子出版领域；

（4）娱乐领域；

（5）信息服务领域。

（三）多媒体计算机系统

多媒体技术已经成为计算机技术的一个重要方向，多媒体计算机系统是对基本计算机系统的软、硬件功能的扩展。

一个完整的多媒体计算机系统包括：

（1）硬件系统。它的主要任务是能够实时地综合处理图、文、声、像信息，实现声音视频的处理。

（2）软件系统。它主要包括多媒体操作系统、多媒体通信软件。

（3）制作工具。在多媒体操作系统的支持下，可以利用图形处理软件包括图像处理软件、动画处理软件、图形处理软件、音频视频处理软件、桌面排版软件制作多媒体应用程序。如用户自行设计相册、音频文件、视频文件等。

第五节　计算机病毒

一、计算机病毒的概念

计算机病毒实质上是一种特殊的计算机程序。这种程序具有自我复制能力，可非法入侵而隐藏在存储器的引导部分、可执行程序或数据文件中，传染到其他正常的程序和数据中，破坏和干扰计算机系统的正常工作。

《中华人民共和国计算机信息系统安全保护条例》中明确地将计算机病毒定义为"编制或者在计算机程序中插入的破坏计算机功能或者破坏数据，影响计算机使用并且能够自我复制的一组计算机指令或者程序代码"。

二、计算机病毒的特征

计算机病毒一般具有破坏性、传染性、隐蔽性、潜伏性、寄生性的特征。

（一）破坏性

破坏性是指计算机病毒破坏系统、删除或修改程序和数据，甚至格式化整个磁盘，造成电脑运行速度变慢、死机、蓝屏等，使计算机无法正常运行。

（二）传染性

传染性是计算机病毒的基本特征。计算机病毒不但本身具有破坏性，更有害的是具有传染性，一旦病毒被复制或产生变种，其速度之快令人难以预防。判断一个程序是否为病毒，主要是看它是否具有传染性。计算机病毒总是设法将病毒复制到其他的程序中。

（三）隐蔽性

计算机病毒通常隐蔽在其他程序的可执行程序中，当程序运行时用户不容易发现它，有的可以通过病毒软件检查出来。这类病毒处理起来很困难。

（四）潜伏性

计算机病毒一般是一个很短小的程序，通常潜伏在其他程序上，不容易被发现。病毒像定时炸弹一样，在受到预定条件的激发时才会产生作用。比如"黑色星期五"病毒，不到预定时间一点都觉察不出来，等到条件具备的时候一下子就爆发了，对系统进行破坏。

（五）寄生性

计算机病毒一般是一个不完整的程序，通常寄生在其他程序之中。当执行这个程序时，病毒就起破坏作用，而在启动这个程序之前，它是不易被人发觉的。

三、计算机病毒的分类

（一）引导型病毒

引导区病毒是通过 U 盘、光盘以及各种移动存储介质感染引导区，而且也能够感染用户硬盘内的主引导区。一旦电脑中毒，病毒就会感染每一个插入计算机进行读写的移动盘的引导区。

（二）文件型病毒

文件型病毒又称寄生病毒，通常感染执行文件（．EXE、．COM、．BIN、．OVL、．DRV）

等，寄生在文件的首部和尾部。文件型病毒是对计算机的源文件进行修改，使其成为新的带毒文件，进行传染和破坏。一旦计算机运行该文件就会被感染，从而达到传播的目的。

（三）混合型病毒

复合型电脑病毒具有引导型病毒和文件型病毒的双重特点。这种病毒破坏性更大，传染的机会也更多，杀灭也更困难。

（四）宏病毒

宏病毒是一种寄存在文档或模板的宏中的计算机病毒。一旦打开这样的文档，其中的宏就会被执行，于是宏病毒就会被激活，转移到计算机上，并驻留在 Normal 模板上。从此以后，所有自动保存的文档都会"感染"上这种宏病毒，而且如果其他用户打开了感染病毒的文档，宏病毒又会转移到他的计算机上。

（五）网络病毒

网络病毒是在网络中传播的病毒。

1. 通过 E-mail 传播

这种病毒最常见的是通过 Internet 交换 Word 格式的文档。由于 Internet 使用广泛，其传播相当神速。当电子邮件携带病毒、木马及其他恶意程序时，就会导致收件者的计算机被黑客入侵。

2. 通过浏览网页和下载软件传播

在浏览过某个网页之后，IE 标题被修改了，并且每次打开 IE 都被迫登录某一固定网站，还会被强制安装一些不想安装的软件，甚至可能当你访问了某个网页时，而自己的硬盘被格式化了，这些都是中了恶意网站或恶意软件的病毒。

3. 通过即时通信软件传播

即时通信软件可以说是目前我国上网用户使用率最高的软件，它已经从原来纯娱乐休闲工具变成生活工作的必备工具。截至目前，通过 QQ 来进行传播的病毒已达上百种。

4. 通过网络游戏传播

目前网络游戏的安全问题主要就是游戏盗号问题。对于游戏玩家来说，网络游戏中最重要的就是装备、道具这类虚拟物品了，这类虚拟物品会随着时间的积累而成为一种有真实价值的东西，因此出现了针对这些虚拟物品的交易，从而出现了偷盗虚拟物品的现象。一些用户想非法得到用户的虚拟物品，就必须得到用户的游戏账号信息。由于网络游戏要通过电脑并连接到网络上才能运行，偷盗玩家游戏账号、密码的特洛伊木马病毒，在电脑中潜伏，以达到黑客的目的。因此，在上网时，用户不要随意打开来历不明的邮件，不要从陌生的站点下载可疑文件并执行。对于发过来的可疑信息，千万不要随意点击，从而有效地避免病毒、黑客和恶意程序的攻击。

四、计算机病毒和木马的区别

病毒和木马都是一种人为的程序，都属于计算机病毒。木马不传染，病毒有传染性。

木马主要是盗取密码及其他数据资料，而病毒是不同程度不同范围的影响电脑的使用。如盗窃管理员密码、偷窃上网密码、网上银行账户、股票账号等。木马是一种伪装的网络病毒。而病毒有两个最明显的特点：一个是自我复制，另一个是破坏性。而木马的主要特点是控制计算机。目前木马主要通过捆绑其他程序、通过在系统中安装后门程序等方式窃取用户的私密信息。

例如：如果电脑中了木马，这个木马是盗取 QQ 密码的，那么只要有人在这台电脑上登录了自己的 QQ，密码就会被盗。如果电脑有了病毒，轻则会影响你的电脑运行速度，或者是没完没了地给你发送各种垃圾信息，重则会使你的电脑无法开机。

五、计算机病毒预防

随着互联网与现实生活的联系越来越紧密，网络风险也与日俱增，网络欺诈和各类盗号木马使人们防不胜防，通过互联网传播的病毒非常突出。因此，我们上网时要注意的是：不要轻易下载小网站的软件与程序；不要随便打开来路不明的 E-mail 与附件程序；不要在线启动、阅读某些来路不明的文件。另外，要防止病毒的侵入，需要以预防为主，安装病毒防火墙或杀毒软件。

计算机安全防护软件主要有：

（1）金山毒霸软件；

（2）瑞星杀毒软件；

（3）江民杀毒软件；

（4）360 安全卫士。

其中，360 安全卫士是奇虎公司推出的功能强、效果好、受用户欢迎的安全杀毒软件。360 安全卫士拥有查杀木马、清理插件、修复漏洞、电脑体检、电脑救援、保护隐私、电脑专家、清理垃圾、清理痕迹多种功能；同时还提供依靠抢先侦测和云端鉴别，可全面、智能地拦截各类木马，保护用户的账号、隐私等重要信息。并且，该软件还提供对系统的全面诊断报告，真正为每一位用户提供全方位系统安全保护。

第六节　选择题

1. 世界上第一台电子计算机名叫（　　　　）。

   A. EDVAC   B. ENIAC

   C. EDSAC   D. MARK-II

2. 世界上第一台电子计算机诞生于（　　　　）年。

   A. 1952   B. 1946

   C. 1939   D. 1958

3. 计算机从其诞生至今已经历了四代，计算机划分时代的原则是根据（　　　　）。

   A. 计算机所采用的电子器件   B. 计算机的运算速度

C. 程序设计语言
D. 计算机的存储量

4. 将计算机应用于办公自动化属于计算机应用领域中的（　　）。

A. 科学计算
B. 信息处理

C. 过程控制
D. 计算机辅助设计

5. 计算机最主要的工作特点是（　　）。

A. 有记忆能力
B. 高精度与高速度

C. 可靠性与可用性
D. 存储程序与自动控制

6. 计算机中采用二进制的原因是（　　）。

A. 通用性强
B. 占用空间少，消耗能量少

C. 二进制的运算法则简单
D. 上述三条都正确

7. 将十进制数 90 转换成二进制数为（　　）。

A. 1011010
B. 1101010

C. 1011110
D. 1011100

8. 将二进制数 00111101 转换成十进制数为（　　）。

A. 58
B. 59

C. 61
D. 65

9. 将十进制 257 转换为十六进制数为（　　）。

A. 11
B. 101

C. F1
D. FF

10. 将八进制数 765 转换成二进制数为（　　）。

A. 111111101
B. 111110101

C. 10111101
D. 11001101

11. 下列各种进制的数中，最小的数是（　　）。

A. 101001B
B. 52O

C. 2BH
D. 44D

12. 下列不同进制的四个数中，其中最大的一个是（　　）

A. $(34)_{16}$
B. $(55)_{10}$

C. $(63)_8$
D. $(110010)_2$

13. 一个字节包括的二进制位数为（　　）。

A. 2
B. 4

C. 8
D. 16

14. 在微型计算机的汉字系统中，一个汉字的内码占（　　）个字节。

A. 1
B. 2

C. 3
D. 4

15. 在微型计算机中，西文字符所采用的编码是（　　）。

A. EBCDIC 码
B. ASCII 码

C. 国标码
D. BCD 码

16. 为解决某一特定问题而设计的指令序列称为（　　）。

A. 语言   B. 软件

C. 程序   D. 系统

17. 下列字符中，其 ASCII 码值最小的是（　　　）。

A. 8   B. a

C. Z   D. m

18. 下列等式中，正确的是（　　　）。

A. 1KB = 1 000×1 000   B. 1MB = 1 024B

C. 1KB = 1024MB   D. 1MB = 1024B×1024B

19. 在 16×16 点阵的汉字字库中，存储一个汉字的字模所占的字节数为（　　　）。

A. 16   B. 32

C. 64   D. 2

20. 国标码中的"国"字的十六进制编码为 397A，其对应的汉字机内码为（　　　）。

A. B9FA   B. B937

C. A8B2   D. C9FA

21. 若某汉字机内码为 B9FA，则其国标码为（　　　）。

A. 397AH   B. B9DAH

C. 3A7AH   D. B9FAH

22. 知某汉字的区位码是 1551，则其国标码是（　　　）。

A. 2F53H   B. 3630H

C. 3658H   D. 5650H

23. 如果汉字点阵为 32×32，那么 100 个汉字的字形状信息占用的字节数是（　　　）。

A. 12 800   B. 3 200

C. 32 x 3 200   D. 6 400

24. 计算机内部对汉字进行存储、处理和传输的汉字代码是（　　　）。

A. 汉字信息交换码   B. 汉字输入码

C. 汉字内码   D. 汉字字形码

25. 下列关于多媒体计算机的概念中，正确的是（　　　）。

A. 多媒体技术可以处理文字、图像和声音，但不能处理动画

B. 多媒体技术具有集成性、交互性、多样性和实时性等特征

C. 传输媒体有键盘、鼠标等

D. 采集卡是多媒体计算机必备的硬件

26. 计算机病毒是指（　　　）。

A. 编制有错误的计算机程序

B. 设计不完善的计算机程序

C. 已被破坏的计算机程序

D. 以危害系统为目的的特殊计算机程序

27. 随着 Internet 的发展，越来越多的计算机感染病毒的可能途径之一是（　　）。

　　A. 从键盘上输入数据

　　B. 通过电源线

　　C. 所使用的光盘表面不清洁

　　D. 通过 Internet 的 E-mail，在电子邮件的信息中

28. 下列关于计算机病毒的叙述中，正确的选项是（　　）。

　　A. 计算机病毒只感染 . exe 或 . com 文件

　　B. 计算机病毒可以通过读写优盘、光盘或 Internet 网络进行传播

　　C. 计算机病毒是通过电力网进行传播的

　　D. 计算机病毒是由于磁盘表面不清洁而造成的

29. 冯·诺依曼在总结研制 ENIAC 计算机时，提出的重要改进是（　　）。

　　A. 引入 CPU 和内存储器的概念

　　B. 采用机器语言和十六进制

　　C. 采用二进制和存储程序控制的概念

　　D. 计算机网络和通信

30. 计算机系统由（　　）组成。

　　A. 主机和显示器　　　　　　　　　　B. 微处理器和软件组成

　　C. 硬件系统和应用软件组成　　　　　D. 硬件系统和软件系统组成

31. 微型计算机硬件系统最核心的部件是（　　）。

　　A. 主板　　　　　　　　　　　　　　B. CPU

　　C. 内存储器　　　　　　　　　　　　D. I/O 设备

32. 计算机软件系统包括（　　）。

　　A. 系统软件和应用软件　　　　　　　B. 编译系统和应用软件

　　C. 数据库及其管理软件　　　　　　　D. 操作系统

33. 微型计算机主机的主要组成部分有（　　）。

　　A. 运算器和控制器　　　　　　　　　B. CPU 和硬盘

　　C. CPU 和显示器　　　　　　　　　　D. CPU 和内存储器

34. 计算机工作时，内存储器用来存储（　　）。

　　A. 数据和信号　　　　　　　　　　　B. 程序和指令

　　C. ASCII 码和汉字　　　　　　　　　D. 程序和数据

35. 下列设备中，具有 USB 接口的有（　　）。

　　A. 优盘　　　　　　　　　　　　　　B. 键盘

　　C. 数码相机　　　　　　　　　　　　D. 以上都对

36. 一条计算机指令中通常包含（　　）。

　　A. 字符和数据　　　　　　　　　　　B. 操作码和操作数

　　C. 运算符和数据　　　　　　　　　　D. 被运算数和结果

37. 微型计算机中运算器的主要功能是进行（　　）。

　　A. 算术运算　　　　　　　　　　　　B. 逻辑运算

C. 函数运算　　　　　　　　　　　　D. 算术运算和逻辑运算

38. 通常所说的 I/O 设备是指（　　　）。

　　A. 输入输出设备　　　　　　　　　B. 通信设备

　　C. 网络设备　　　　　　　　　　　D. 电源设备

39. 微型计算机中，控制器的基本功能是（　　　）。

　　A. 进行计算运算和逻辑运算

　　B. 存储各种控制信息

　　C. 保持各种控制状态

　　D. 控制机器各个部件协调一致地工作

40. 显示器显示图像的清晰程度，主要取决于显示器的（　　　）。

　　A. 类型　　　　　　　　　　　　　B. 亮度

　　C. 尺寸　　　　　　　　　　　　　D. 分辨率

41. 下列设备中，既能向主机输入数据又能从主机接收数据的设备是（　　　）。

　　A. CD-ROM　　　　　　　　　　　B. 显示器

　　C. 优盘　　　　　　　　　　　　　D. 光笔

42. CPU、存储器和 I/O 设备是通过（　　　）连接起来的（　　　）。

　　A. 数据总线　　　　　　　　　　　B. 内部总线

　　C. 系统总线　　　　　　　　　　　D. 控制线

43. 计算机的内存储器是指（　　　）。

　　A. RAM 和 C 磁盘　　　　　　　　B. ROM

　　C. ROM 和 RAM　　　　　　　　　D. 硬盘和控制器

44. 微机中访问速度最快的存储器是（　　　）。

　　A. CD-ROM　　　　　　　　　　　B. 硬盘

　　C. U 盘　　　　　　　　　　　　　D. 内存

45. RAM 具有（　　　）特点。

　　A. 海量存储

　　B. 存储在其中的信息可以永久保存

　　C. 一旦断电，存储在其上的信息将全部消失且无法恢复

　　D. 存储在其中的数据不能改写

46. 通常用 MIPS 为单位来衡量计算机的性能，它指的是计算机的（　　　）。

　　A. 传输速率　　　　　　　　　　　B. 存储容量

　　C. 字长　　　　　　　　　　　　　D. 运算速度

47. 下列关于计算机系统的叙述中，最完整的是（　　　）。

　　A. 计算机系统就是指计算机的硬件系统

　　B. 计算机系统是指计算机上配置的操作系统

　　C. 计算机系统由硬件系统和操作系统组成

　　D. 计算机系统由硬件系统和软件系统组成

48. 计算机的系统总线包括（　　　）。

A．数据总线、地址总线和控制总线

B．输入总线、输出总线和控制总线

C．外部总线、内部总线和中枢总线

D．通信总线、接收总线和发送总线

49．下列选项中，不属于计算机主要技术指标的是（　　）。

A．字长

B．存储容量

C．重量

D．时钟主频

50．计算机技术指标中，字长用来描述计算机的（　　）。

A．运算精度

B．存储容量

C．存取周期

D．运算速度

第二章　Windows 7 操作系统

【学习重点】

　　本章紧扣考试大纲要求，介绍 Windows 7 操作系统的基本操作和使用方法。本章共使用 4 个学时，学习掌握以下知识点：

　　1. 操作系统的概念。

　　2. Windows 7 的操作系统的运行环境及相关知识。

　　3. Windows 7 的基本操作方法及使用。

　　4. Windows 7 的资源管理器窗口组成。

　　5. 熟悉文件和文件夹的创建、复制、移动、查找、删除、重命名、属性设置、快捷方式设置和使用操作。

第一节　操作系统的概念

　　操作系统是计算机必须安装的软件，是管理和控制计算机的软、硬件和数据资源的大型程序，是计算机正常运行的指挥中枢。

一、操作系统的定义

　　操作系统是介于硬件和软件之间的一个系统软件，它直接运行在裸机上，是对计算机硬件系统的第一次扩充；操作系统负责管理计算机中各种硬、软件资源并控制各类软件运行；操作系统是用户和计算机之间的接口。合理地组织计算机系统的工作流程，为用户提供了一个清晰、简洁、友好、易用的工作界面。

二、操作系统的功能

　　操作系统的主要功能如下：

（一）进程管理

　　在多用户、多任务的环境下，进程管理主要解决对 CPU 进行资源的分配调度，有效地组织多个作业同时运行。

（二）存储管理

　　存储管理主要是管理内存资源，合理地为程序的运行分配内存空间。

（三）文件管理

文件管理负责支持文件的存储、检索和修改等操作，解决文件的共享、保密与保护。

（四）设备管理

设备管理负责外部设备的分配、启动和故障处理。

（五）作业管理

作业管理提供使用系统的良好环境，使用户能有效地组织自己的工作流程。

操作系统可以使系统资源得到有效的利用，为应用软件的运行提供支撑环境。操作系统是最低层的系统软件，是计算机软件的核心和基础。

三、操作系统的分类

为了适应不同用户的需求，操作系统根据处理方式、运行环境、服务对象和功能的不同划分为不同的类型。操作系统的主要类型有：

（1）单用户操作系统；

（2）批处理操作系统；

（3）分时操作系统；

（4）实时操作系统；

（5）网络操作系统；

（6）分布式操作系统。

四、微型计算机常用的操作系统

微型计算机中先后使用的操作系统主要有 DOS、Windows 98、Windows 2000、Windows NT、Windows XP、Windows Vista、Windows 7 以及 Windows 8 等。微型计算机还可以安装使用 Unix 和 Linux 等操作系统。

第二节　Windows 简介

Windows 是由微软公司（Microsoft）开发的操作系统，可以供家庭及商业工作环境、笔记本电脑、平板电脑、多媒体中心等使用。

一、Windows 系统的升级

Microsoft Windows 是美国微软公司研发的一套操作系统，它问世于 1985 年，随着电脑硬件和软件的不断升级，从架构的 16 位、32 位再到 64 位，Windows 版本也在不断升级，从最初的 Windows 1.0 到 Windows 7、Windows 8 操作系统。Windows 采用了图形化模式，比起从前的 DOS 需要键入指令方式更为人性化。其操作系统的开发更加完善。

如图 2-1 所示。

图 2-1　Windows 版本不断升级

二、Windows 7 简介

Windows 7 提供了不同的产品版本可供家庭及商业工作环境、笔记本电脑、平板电脑、多媒体中心等使用，选择的版本有普通家庭版、高级家庭版、专业版、企业版、旗舰版。每种版本的作用如下：

（1）Windows 7Home Basic（家庭普通版）：提供更快、更简单的找到和打开经常使用的应用程序和文档的方法，为用户带来更便捷的使用体验，其内置的 IE8 提高了上网的安全性。

（2）Windows 7Home Premium（家庭高级版）：可以帮助用户轻松创建家庭网络和共享用户收藏的照片、视频及音乐，还可以观看、暂停、倒回和录制电视节目，实现最佳娱乐体验。

（3）Windows 7Professional（专业版）：可以使用自动备份功能将数据轻松还原到用户的家庭网络或企业网络中。通过加入域，还可以轻松连接到公司网络，而且更加安全。

（4）Windows 7Ultimate（旗舰版）：是最灵活、强大的版本。它在家庭高级版的娱乐功能和专业版的业务功能基础上结合了显著的易用特性，用户还可以使用 BitLocker 对数据进行加密。

三、Windows 7 的特点

Windows 7 是微软的第七个版本的图形界面操作系统，故命名为 Windows 7。Windows 7 是微软操作系统一次重大革命创新，全新的简洁视觉设计、众多创新的功能特性以及更加安全稳定的性能让用户眼前一亮，特别是在功能、安全性、个性化、可操作性、功耗等方面都有很大改进。其具体特点如下：

（1）性能更好，响应速度更快，系统启动时间上进行了大幅度的改进。

（2）更省电，电源管理更智能。

（3）更多个性化选择，更漂亮。Windows 可以对桌面进行个性化设置，桌面壁纸、面板色调甚至系统声音更加个性化，用户可以根据自己的习惯和喜好自定义这些主题元素。

（4）窗口缩放更加智能化。用户把窗口拖到屏幕最上方，窗口就会自动最大化，把已经最大化的窗口往下拖一点，它就会自动还原。对经常处理文档的用户来说是一项十分实用的功能。

（5）任务栏增加了窗口的预览功能。用户可以在预览窗口中进行相应操作。为了便于访问经常使用的程序或文档，Windows 7 还提供了"跳转列表"功能，用户可以轻松、快捷地访问经常使用的程序或文档。

（6）轻松地搜索、访问需要各种资源。Windows 7 提供了搜索框，用户可以轻松地搜索、访问需要的文档、图片、音乐、电子邮件和其他文件等资源。搜索结果将更加精准。

（7）兼容性好，支持更多的硬件，不需要安装很多驱动。大多数网站与 Windows 7 兼容。

（8）更安全可靠的防火墙，磁盘加密，UAC（用户账户控制）。

（9）操作更简单，提供了多个网页的缩略图。

第三节　Windows 7 操作系统界面

一、启动 Windows 7

启动 Windows 7 后，屏幕上首先出现 Windows 7 桌面。桌面是屏幕的整个背景区域，是用户工作的平台。Windows 7 提供了超炫的桌面大图标和更具有视觉冲击的内置主题包。用户可以同时选中多张桌面壁纸，让它们在桌面上像幻灯片一样播放，桌面壁纸、面板色调、甚至系统声音更具有个性化；用户可以根据自己的习惯和喜好自定义这些主题元素，桌面主要由桌面壁纸、桌面图标、"开始"按钮和任务栏等部分组成。Windows 7 显示的画面如图 2-2 所示。

图 2-2　Windows 7 显示后的桌面

Windows 7 启动过程中会在屏幕上出现提示用户选择多用户登录界面及登录密码的对话框，等待用户输入密码。如图 2-3 所示。

图 2-3　Windows 7 显示后的桌面

当用户输入正确的用户密码后，才可以进入到 Windows 的桌面。如图 2-4 所示。

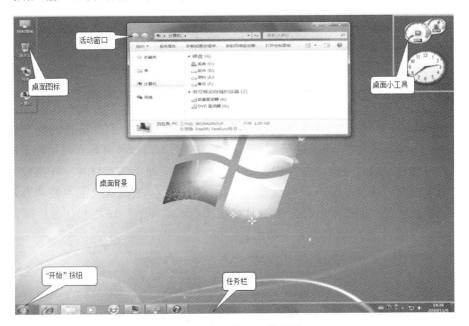

图 2-4　Windows 7 的桌面

二、Windows 7 桌面图标

（一）图标的概念

在 Windows 7 中，图标是以一个小图形的形式来代表不同的程序、文件或文件夹，也可以表示磁盘驱动器、打印机以及网络中的计算机等。图标由图形符号和名字两部分组成。

系统中的所有资源分别由以下几种图标来表示。

（1）应用程序图标表示具体完成某一功能的可执行程序；

（2）文件夹图标表示可用于存放其他应用程序、文档或子文件夹的"容器"；

（3）文档图标表示由某个应用程序所创建的文档信息；

（4）左下角带有弧形箭头的图标代表快捷方式。

Windows 7 安装之后在桌面上会出现："计算机"图标、"用户的文件"图标、"控制面板"图标、"回收站"图标。

（二）桌面图标

1. 计算机图标

计算机图标是系统文件夹，双击"计算机"图标后，会显示如图 2-5 所示的窗口。

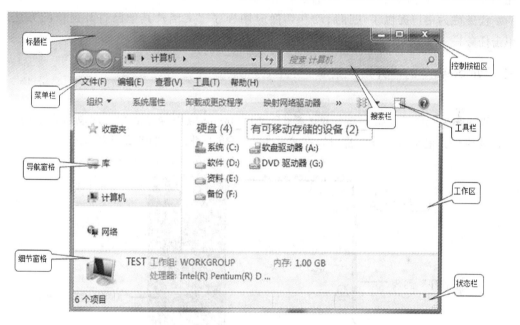

图 2-5　Windows 7 的窗口

2. "用户的文件"图标

"用户的文件"是 Windows 7 自动给每个用户建立的个人文件夹，此文件夹中包括收藏夹、我的文档、我的音乐、我的视频、我的图片等子文件夹。

3. "控制面板"图标

"控制面板"主要用来进行系统设置和设备管理。用户双击"控制面板"的图标，就可以设置 Windows 7 的外观、时间、语音以及添加、卸载程序等操作。

4. "回收站"图标

"回收站"主要用来存放删除的文件和文件夹。若要恢复可以从回收站还原。

（三）Windows 7 的任务栏

Windows 7 的任务栏位于屏幕底部的水平长条上。任务栏中包括"开始"按钮、任务栏按钮区、语言栏和通知区域。Windows 7 将快速启动按钮与活动任务结合在一起，形成了任务栏按钮区。如图 2-6 所示。

图 2-6　Windows 7 任务栏

"开始"按钮出现在桌面左下角。点击"开始"按钮，可以启动或打开所有的程序。

任务栏按钮区主要用来显示桌面当前打开的程序窗口。在这个区域中，用户可以快速启动、切换和关闭程序。语言栏显示用户当前输入法状态。

任务栏上可以显示所有正在运行的应用程序或打开的文件夹。在通知区域中，会显示系统常驻程序的图标、系统时间等系统信息。

任务栏为用户提供了快速启动和切换应用程序、文档及其他已打开窗口的方法。单击任务栏上某一按钮，即可切换到相应的应用程序或文件夹。

三、Windows 7 的"开始"菜单

Windows 7 的"开始"按钮 ![icon] 是 Windows 的应用程序入口。启动程序、打开文档及执行其他常规任务，都可以在"开始"菜单上进行。如图 2-7 所示。

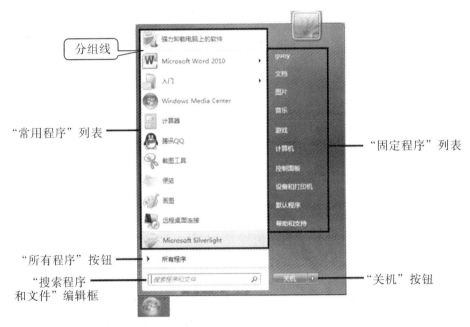

图 2-7　开始菜单

开始菜单中的"所有程序"按钮的作用是：单击"所有程序"按钮将展开"所有程序"列表，用户可以从该列表中找到并打开电脑中已安装的全部应用程序。

"搜索程序和文件"编辑框：通过在编辑框中输入关键字，可以在计算机中查找程序和文件。

第四节　Windows 7 窗口组成

一、Windows 7 窗口

Windows 7 窗口的几个重大改进让我们更方便地管理和搜索文件，也使得窗口功能更为强大，尤其是资源管理器窗口一直是我们用来和计算机中文件打交道的重要工具。如图 2-8 所示。

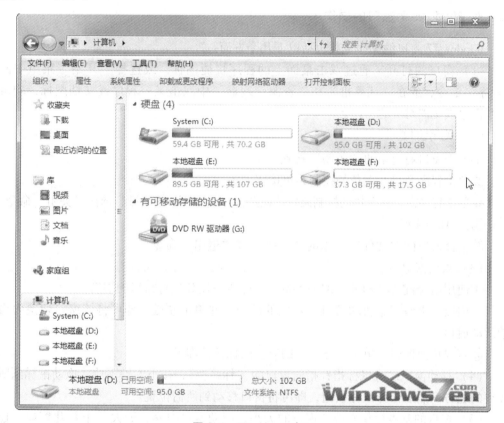

图 2-8　Windows 7 窗口

Windows 7 窗口主要由以下几个部分组成：

（1）标题栏。标题栏位于窗口的顶部，显示窗口名称及图标，通过最右侧的三个按钮可以进行最小化、最大化、关闭窗口操作。在标题栏空白处双击鼠标左键会自动切换窗口大小。

（2）菜单栏。菜单栏位于标题栏下方，其中存放了当前窗口中的许多操作选项。一般菜单栏里包含了多个菜单项，分别点击其菜单项也可以弹出下拉菜单，从中选择操作命令。

（3）工具栏。工具栏位于菜单栏的下方，其中列出了一些当前窗口的常用操作按钮。

（4）地址栏。地址栏位于工具栏的下方，其中显示了当前窗口所处的目录位置，即我们常说的"文件路径"。点击地址栏右侧的倒三角按钮，可以在其打开的下拉列表中选择我们所要访问的窗口。

（5）工作区。工作区是指当前应用程序可使用的屏幕区域，用于显示和处理各种工作对象的信息。

（6）控制菜单按钮。控制菜单按钮位于标题栏左边的小图标。单击该图标（或按Alt+空格键）即可打开控制菜单。选择菜单中的相关命令，可以改变窗口的大小、位置或关闭窗口。

（7）状态栏。状态栏位于窗口底部，用于显示当前窗口的有关状态信息和提示。

二、对 Windows 7 窗口的操作

Windows 7 窗口的操作主要包括以下几个方面：

（1）窗口的打开。通过双击桌面上的程序快捷图标，或选择"开始"菜单中的"程序"命令，或在"计算机"和"资源管理器"中双击某一程序或文档图标，均可打开程序或文档对应的窗口。

（2）关闭窗口。

①单击窗口右上角的"关闭"按钮 ⊠ 。

②双击程序窗口左上角的控制菜单按钮图标。

③单击程序窗口左上角的控制菜单按钮图标，或按Alt+空格键，选择"关闭"命令。

④按 Alt+F4 键。

⑤选择窗口的"文件"菜单的"关闭"或"退出"命令。

（3）切换窗口。

①使用组合键 ALT+Tab、ALT+Shift+Tab、Alt+ESC 进行窗口的切换。

②用鼠标指向某非活动窗口能看到的部分，并单击左键，即可将该窗口切换为当前活动窗口。

③若要切换窗口，单击任务栏上的对应图标按钮即可。

（4）移动窗口。将鼠标指针指向窗口的"标题栏"，按下左键不放，拖动鼠标到所需要的地方，然后松开鼠标按钮，即可将窗口移动到所需位置。

（5）窗口的基本操作有改变窗口的大小、滚动窗口内容、最大（小）化窗口、还原窗口、关闭窗口等。

三、Windows 7"外观和个性化"设置

Windows 7 是一个崇尚个性的操作系统，它不仅提供了各种精美的桌面壁纸，还提供了更多外观选择、不同的背景主题和灵活的声音方案。"外观和个性化"设置用于改善用户界面的总体外观，包括桌面主题、桌面图标、窗口颜色、系统声音和屏幕保护程序、鼠标指针设置等。

（一）设置"桌面背景"

将鼠标移到桌面背景上，单击鼠标右键，在弹出的对话框中单击"个性化"命令，

如图 2-9 所示。

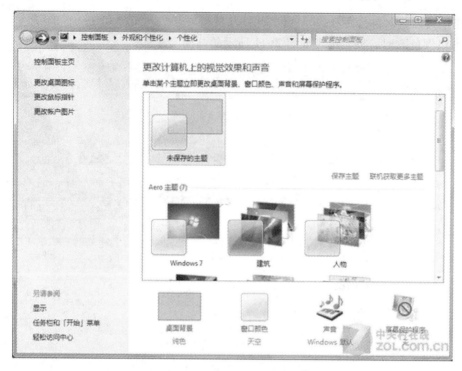

图 2-9 设置外观和个性化窗口

在"桌面背景"中单击某个图片使其成为桌面背景。如图 2-10 所示。

图 2-10 设置桌面背景窗口

（二）设置"窗口颜色"

用户可以选取自己喜好的颜色设置窗口边框、"开始"菜单和任务栏的颜色。当点击"窗口颜色"时，将会出现如图 2-11 所示的画面。

图 2-11　设置窗口颜色

（三）设置"声音"

（1）点击"声音"，弹出"声音"对话框，点击"保存修改"，完成"声音"的设置。如图 2-12 所示。

（四）设置"屏幕保护程序"

（1）点击"屏幕保护程序"，弹出"屏幕保护程序"对话框。

（2）可以选取不同的屏保图案，点击"设置"，可查看此特定屏幕保护程序的可能设置选项。如图 2-13 所示。

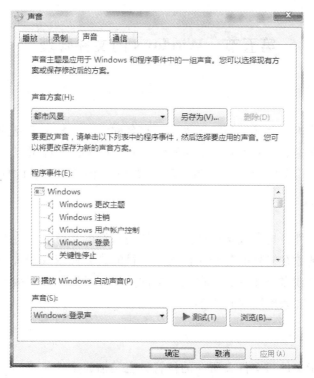

图 2-12　"声音"对话框

图 2-13　"屏幕保护程序"对话框

第五节　Windows 的文件管理

一、文件的概念

文件是在计算机中常常用到的概念，是有名称的一组相关信息的集合，它们以文件名的形式存放在磁盘、光盘上。文件的含义非常广泛，文件可以是一个程序、一段音乐、一幅画、一份文档等，而一种游戏软件是由一个或多个文件组成的。

二、文件夹的概念

文件夹不是文件，是存放文件的夹子，如同我们的文件袋，可以将一个文件或多个文件分门别类地放在建立的各个文件夹中，目的是方便查找和管理。可以在任何一个磁盘中建立一个或多个文件夹，在一个文件夹下还可以再建多级子文件夹，一级接一级，逐级进入，有条理地存放文件。

三、文件路径

文件路径是指文件和文件夹所在的位置，也是描述文件位置的一条通道。文件夹之间用"\"隔开。

例如：ks. txt 文件存放在 D 盘 A1 文件夹中，表示为：D：\ A1 \ ks. txt。

四、库

"库"是一个特殊的文件夹，可以向其中添加硬盘上任意的文件夹，但是这些文件夹及其中的文件实际上还是保存在原来的位置，并没有被移动到"库"中，只是在"库"中"登记"了它的信息并进行索引，添加一个指向目标的"快捷方式"，这样可以在不改动文件存放位置的情况下集中管理。

库的使用：创建库、往库中添加文件夹、删除库等。

第六节　Windows 7 资源管理器的操作

Windows 7 资源管理器是 Windows 7 系统提供的资源管理工具，在"资源管理器"中可显示出计算机上的文件、文件夹和驱动器，可以用它查看该电脑的所有资源。特别是它提供的树形文件系统结构，使我们能更清楚、直观地认识电脑中的文件和文件夹。

在 Windows 7 资源管理器中可以对文件进行各种操作，如移动、重新命名以及搜索文件和文件夹等操作。

一、启动 Windows 7 资源管理器

启动 Windows 7 资源管理器有两种方法：

（1）依次单击【开始】按钮→【所有程序】→【附件】→【Windows 7 资源管理器】。

（2）将鼠标指向【开始】按钮→单击鼠标右键→打开 Windows 7 资源管理器。启动后 Windows 7 资源管理器窗口显示如图 2-14 所示。

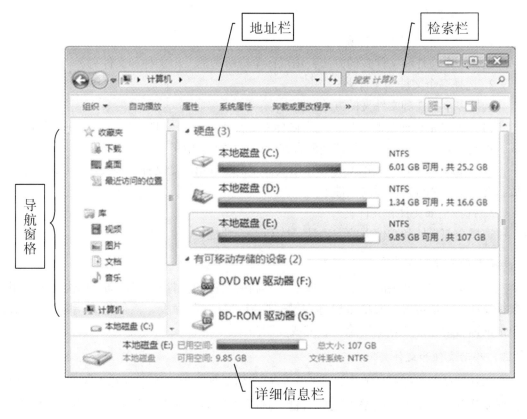

图 2-14　Windows 7 **资源管理器窗口**

二、Windows 7 资源管理器的构成

Windows 7 的资源管理器提供了更加丰富和方便的功能，比如高效搜索框、库功能、灵活地址栏、丰富视图模式切换、预览窗格等，可以有效地帮助我们轻松提高文件操作效率。

Windows 7 资源管理器的构成：

（1）地址栏。Windows 7 的地址栏上的不同层级路径由不同按钮分割，用户通过单击按钮即可实现目录跳转。

（2）检索栏。Windows 7 资源管理器将检索功能移植到顶部，方便用户使用。

（3）导航窗格。Windows 7 资源管理器内提供了"收藏夹""库""计算机""网

络"等按钮，用户可以使用这些链接快速跳转到目的节点。

（4）详细信息栏。Windows 7 资源管理器提供了更加丰富详细的文件信息，用户在"详细信息栏"中可以修改文件属性并添加标记。

三、资源管理器的基本操作

资源管理器的重要功能就是对文件和文件夹进行管理，实现文件和文件夹的创建、复制、移动、删除、重命名、快捷方式创建等操作。

（一）选择文件和文件夹

1. 选择一个文件和文件夹

选择一个文件和文件夹的方法：用鼠标单击所选的一个文件和文件夹。

2. 选择多个文件和文件夹

选择多个文件和文件夹的方法：

（1）如果是选连续的文件，先用鼠标左键点选第一个文件，后按住"Shift"键不放，再点最后一个文件，这样就把所有连续的文件都选中了。

（2）如果不是选连续的文件，先用鼠标左键点选第一个文件，并按住"Ctrl"键不放，再一个一个地选你要的文件。

3. 选择全部文件和文件夹

选择全部文件和文件夹的方法是：按 Ctrl+A 快捷键。

（二）复制文件和文件夹

复制文件和文件夹的方法是：选中要复制的文件和文件夹，按 Ctrl+C 快捷键，用鼠标拖动到指定位置，或单击鼠标右键，选择"复制"命令，然后进入指定文件夹，单击鼠标右键选择"粘贴"命令，完成复制操作。

（三）移动文件和文件夹

移动文件和文件夹的方法是：选中要移动的文件和文件夹，按 Ctrl+X 快捷键，用鼠标拖动到指定位置，或单击鼠标右键，选择"移动"命令，然后进入指定文件夹，单击鼠标右键选择"粘贴"命令，完成移动操作。

（四）删除文件和文件夹

删除文件和文件夹的方法是：选中要删除的文件和文件夹，单击鼠标右键，选择"删除"命令，系统默认将其放入回收站，完成删除操作。

（五）文件和文件夹的重命名

文件和文件夹的重命名的方法是：选中要重命名的文件和文件夹，单击鼠标右键，选择"重命名"命令，输入或修改文件名即可。

（六）查看或修改文件和文件夹的属性

查看或修改文件和文件夹的属性的方法：选中要查看或修改文件和文件夹，单击鼠标右键，选择"属性"命令，选择"只读"或"隐藏"属性即可。

（七）查找文件和文件夹

Windows 7 资源管理器提供了非常丰富的查看文件的方式。

（1）通过库查看文件：打开 Windows 资源管理器看到的就是库文件夹，Windows 7 中的库为用户计算机磁盘中的文件提供统一的分类视图。用户可以不必记住哪一类的文件放在哪里，可以通过 Windows 7 提供的库快速查看文件。

（2）通过"计算机"查看文件：Windows 7 系统的"计算机"窗口相当于 Windows XP 系统的"我的电脑"窗口。

（3）更改视图：单击 Windows 资源管理器窗口右上角"更改您的视图"图标的小三角标时，就会打开一个视图菜单，通过单击或移动菜单左边的垂直滚动条，可以更改视图。

（4）使用计算机"窗口"搜索：启动计算机"窗口"，在窗口的右上角的搜索框中输入查询关键字，在输入关键字的同时系统开始进行搜索，进度条中显示搜索进度。通过单击搜索框启动"添加搜索筛选器"选项（种类、修改时间、大小、类型），可以提高搜索精确度。

（5）查看文件和文件夹属性：文件和文件夹属性包括常规（类型、位置、大小、占用空间）、属性（只读、隐藏），共享、安全、以前的版本、自定义。用鼠标右击需要查看属性的文件或文件夹，即打开快捷菜单，单击快捷菜单中的"属性"命令，即可查看该文件或文件夹的属性。

（八）文件的搜索

Windows 7 的"搜索"功能十分强大，可以快速地搜索文件或文件夹。通过搜索框可以帮助用户快速地找到某个文件或对象。

在任意一个非程序窗口或"开始"菜单中，Windows 7 都提供了便捷的搜索框，也可以通过 ⊞+F 组合键打开搜索框。如图 2-15 所示。

用户可以在搜索框输入"全部或部分文件名"进行搜索，搜索结果会显示在窗口的右窗格中。随着输入关键字的变化，窗口中搜索结果也会随之发生变化。

用户也可以通过设置一些高级选项来缩小查找范围，如"修改日期""大小"。用户还可以通过选择窗口左窗格中不同的搜索范围提高搜索效率。

图 2-15 "搜索"窗口

第七节 Windows 7 上机操作题

此题可以在电脑上练习操作。

1. 在 D 盘创建一个名为"wangping"的文件夹。

2. 在名为"wangping"的文件夹下创建三个名为"dj1""dj2""dj3"的子文件夹。

3. 在名为"dj1"的子文件夹下创建名为"a1"的子文件夹。

4. 在名为"dj2"的子文件夹下创建名为"abc1. txt"的文本文件。

5. 在名为"dj3"的子文件夹下创建名为"ts. docx"的文档文件。

6. 将名为"dj1"的子文件夹下创建名为"YYY"的快捷方式。

7. 将名为"dj3"子文件夹下的名为 ts. docx 的文档文件移动到"dj2"的子文件夹中。

8. 将名为"dj2"的子文件夹下名为"abc. txt"的文件夹设置为只读属性。

9. 将名为"dj2"的子文件夹下名为 ts. docx 的文档文件设置为隐藏属性。

10. 将名为"dj2"的子文件夹复制到在名为"dj1"的文件夹中。

11. 将名为"dj1"的子文件夹名改名为"my2015"。

12. 删除名为"dj3"的子文件夹。

第三章　Word 2010 的使用

【学习重点】

本章紧扣考试大纲要求，介绍 Word 2010 的基本操作和使用方法。本章共使用 8 个学时，学习掌握以下知识点：

1. Word 文档的创建、打开、输入、保存等基本操作。
2. 文本的选定、插入与删除、复制与移动、查找与替换等基本编辑操作。
3. 字体格式、段落格式、文档页面和文档分栏等操作。
4. 表格创建、修改、数据的排序和计算操作。
5. 图形和图片的插入和编辑操作。

第一节　Word 2010 基础

一、启动 Word

启动 Word 的常用方法有下列有三种方式：

方式一：将鼠标指针移至屏幕左下角"开始"菜单按钮，执行"开始"→"所有程序"→"Microsoft Office"→"Microsoft Word 2010"命令。

方式二：在桌面上如果有 Word 应用程序图标█，则双击之。

方式三：在"资源管理器"中找带有图标█的文件，双击该文件。

二、Word 窗口及其组成

Word 窗口由标题栏、快速访问工具栏、文件选项卡、功能区、工作区、状态栏、文档视图工具栏、显示比例控制栏、滚动条、标尺等部分组成。如图 3-1 所示。

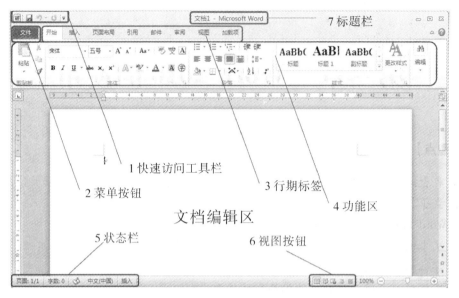

图 3-1　Word 窗口

三、Word 的视图方式

所谓"视图"，简单地说就是查看文档的方式，用户可以根据对文档的操作需求不同使用不同的视图。Word 的视图方式有 5 种：页面视图、阅读版式视图、Web 版式视图、大纲视图和草稿视图。视图之间的切换可以使用水平滚动条左端的视图切换按钮，如图 3-2 所示。

图 3-2　视图切换按钮

四、退出 Word

退出 Word 的方式有以下几种：
（1）执行"文件"→"退出"命令。
（2）执行"文件"→"关闭"命令。
（3）单击标题栏右边"关闭"按钮 。
（4）双击 Word 窗口左上角的控制按钮 。
（5）按快捷键 ALT+F4。

第二节　Word 的基本操作

Word 的基本操作包括：创建一个新文档，打开已有的文档，保存文档，选定文本并对其进行插入、删除、复制、移动、查找与替换等编辑技术。

一、创建新文档

创建新文档的方法主要有两种方法：

（1）启动 Word 后，系统自动打开一个新的空文档并暂时命名为"文档1"。文件的扩展名为".docx"。

（2）执行"文件"→"新建"命令创建。

二、打开已存在的文档

打开编辑已有的 Word 文档的方法是：

（1）在资源管理器中，双击带有 Word 文档图标 W 的文件名打开。

（2）执行"文件"→"打开"命令。

（3）按快捷键 Ctrl+O，Word 会显示一个"打开"对话框。

在"打开"对话框"文档库"列表框中，双击选定的文档目录中选定要打开的文档名。

三、文档的保存

（一）保存新建文档

保存文档的常用方法有如下几种：

（1）单击标题栏"保存"按钮 。

（2）执行"文件"→"保存"命令。

（3）直接按快捷键 Ctrl+S。

在弹出的"另存为"对话框中，用户选择要保存文档的驱动器和文件夹，在"文件名"一栏中输入新的文件名。

（二）另存文档名

执行"文件"→"另存为"命令可以把一个正在编辑的文档以另一个不同的名字保存起来。

（三）保存多个文档

按住 Shift 键的同时单击"文件"选项卡，这时选项卡的"保存"命令已改变为"全部保存"命令，单击"全部保存"命令就可以一次性保存多个文档。

【案例 3-1】建立一个 Word 文档，输入文档内容如图 3-3 所示，保存文档为"匆匆.docx"。

匆匆

燕子去了，有再来的时候；杨柳枯了，有再青的时候；桃花谢了，有再开的时候。但是，聪明的，你告诉我，我们的日子为什么一去不复返呢？——是有人偷了他们罢：那是谁？又藏在何处呢？是他们自己逃走了罢：现在又到了哪里呢？

我不知道他们给了我多少日子；但我的手确乎是渐渐空虚了。在默默里算着，八千多个日子已经从我手中溜去；像针尖上一滴水滴在大海里，我的日子滴在时间的流里，没有声音，也没有影子。我不禁头涔涔而泪潸潸了。

去的尽管去了，来的尽管来着；去来的中间，又怎样地匆匆呢？早上我起来的时候，小屋里射进两三方斜斜的太阳。太阳他有脚啊，轻轻、悄悄地挪移了；我也茫茫然跟着旋转。于是——洗手的时候，日子从水盆里过去；吃饭的时候，日子从饭碗里过去；默默时，便从凝然的双眼前过去。我觉察他去的匆匆了，伸出手遮挽时，他又从遮挽着的手边过去，天黑时，我躺在床上，他便伶伶俐俐地从我身上跨过，从我脚边飞去了。等我睁开眼和太阳再见，这算又溜走了一日。我掩着面叹息。但是新来的日子的影儿又开始在叹息里闪过了。

在逃去如飞的日子里，在千门万户的世界里的我能做些什么呢？只有徘徊罢了，只有匆匆罢了；在八千多个日子的匆匆里，除徘徊外，又剩些什么呢？过去的日子如轻烟，被微风吹散了，如薄雾，被初阳蒸融了；我留着些什么痕迹呢？我何曾留着像游丝样的痕迹呢？我赤裸裸来到这世界，转眼间也将赤裸裸的回去罢？但不能平的，为什么偏要白白走这一遭啊？

你聪明的，告诉我，我们的日子为什么一去不复返呢？

图 3-3　匆匆. docx 内容

操作步骤如下：

（1）选择"文件"选项卡中的"新建"命令，在"新建文档"任务窗格中，单击"空白文档"，单击"创建"按钮，建立一个空文档。

（2）输入如图 3-3 所示文字。

（3）单击"快速启动按钮"的"保存"按钮。在"另存为"对话框中输入文件名"匆匆"。如图 3-4 所示。

图 3-4　"另存为"对话框

（4）选择"文件"选项卡的"关闭"，关闭文档。

（四）设置文档的密码保存

将文档加密码保存的方法如下：

（1）执行"文件"→"另存为"命令，打开"另存为"对话框。

（2）在"另存为"对话框中，执行"工具"→"常规选项"命令，打开"常规选项"对话框，如图 3-5 所示。输入设定的密码。

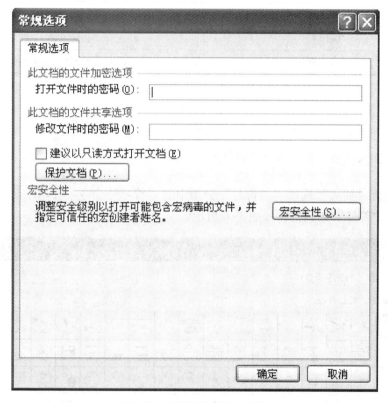

图 3-5　"常规选项"对话框

（3）单击"确定"按钮，此时会出现一个"确认密码"对话框，要求用户再次键入所设置的密码。

（4）在"确认密码"对话框的文本框中再次键入所设置的密码并单击"确定"按钮。

（5）当返回"另存为"对话框后，单击"保存"按钮即可存盘。

四、Word 文本的基本编辑

（一）输入文本

Word 新建一个空白文档后，在窗口的工作区有一个闪烁的竖条"I"称为插入点，它表明可以输入文本了。在输入文本时，常用的按键功能如表 3-1 所示。

表 3-1　　　　　　　　　　　　　插入文本时常用按键

常用按键	功能
Enter 键	换行
Shift+F3	英文大小写字符切换
Ctrl+空格	中英文输入法切换
Enter 键	分段
Shift+Enter	分行
Del 键	删除文本
Insert 键	插入和改写状态的切换

（二）插入符号

Word 提供"插入符号"的功能。其操作方法如下：

（1）把插入点移至要插入符号的位置。

（2）执行"插入"选项卡"符号"分组中的"符号"命令，单击"其他符号"按钮，打开"符号"对话框，如图 3-6 所示。

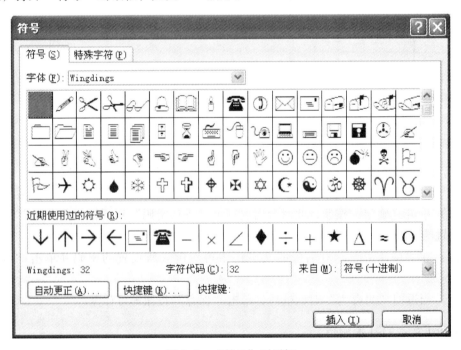

图 3-6　"符号"对话框

（3）在符号列表框中选定所需插入的符号，再单击"插入"按钮就可以将所选择的符号插入到文档的插入点处。

（三）插入日期和时间

在 Word 文档中可插入日期和时间的方法如下：

（1）将插入点移到要插入日期和时间的位置处。

（2）执行"插入"→"文本"→"日期和时间"命令按钮 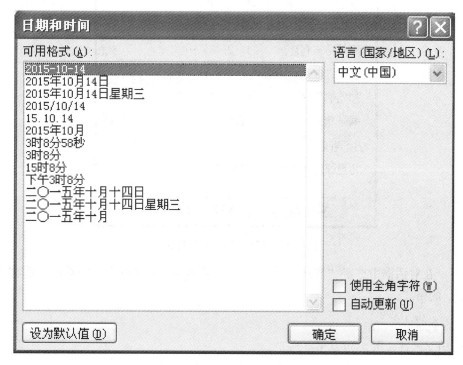，打开"日期和时间"对话框。如图 3-7 所示。

图 3-7　"日期和时间"对话框

（3）在"语言"下拉列表中选定"中文（中国）"或"英文（美国）"，在"可用格式"列表框中选定所需的格式。单击"确定"按钮即可。

（四）插入脚注和尾注

插入脚注和尾注的方法如下：

（1）将插入点移到需要插入脚注和尾注的文字之后。

（2）执行"引用"→"脚注"→"脚注和尾注"命令，打开"脚注和尾注"对话框。如图 3-8 所示。

图 3-8 "脚注和尾注"对话框

（3）在对话框中选定"脚注"或"尾注"单选项。在"格式"中修改"脚注"或"尾注"的格式。

（五）文本的选定

常用文本选定方法如表 3-2 所示。

表 3-2 常用文本选定方法

选定区域	方法
选定任意大小的文本区	首先将"I"形鼠标指针移到要选定文本区的开始处，然后拖动鼠标直到所选定的文本区的最后一个文字并松开鼠标左键。
选定大块文本	首先用鼠标指针单击选定区域的开始处，然后按住 Shift 键，再配合滚动条将文本翻到选定区域的末尾，再单击选定区域的末尾。
选定矩形区域中的文本	将鼠标指针移到所选区域的左上角，按住 Alt 键，拖动鼠标直到区域的右下角，放开鼠标。
选定一个句子	按住 Ctrl 键，将鼠标光标移到所要选句子的任意处单击一下。
选定一个段落	将鼠标指针移到所要选定段落的任意行处连击三下。
选定一行或多行	将鼠标"I"形指针移到这一行左端的文档选定区，当鼠标指针变成向右上方指的箭头时，单击一下就可以选定一行文本。如果拖动鼠标，则可选定若干行文本。
选定整个文档	按住 Ctrl 键，将鼠标指针移到文档左侧的选定区单击一下，或直接按快捷键 Ctrl+A 选定全文。

（六）移动文本

移动文本就是将某些文本从一个位置移到另一个位置。移动文本的方法如下：

（1）选定所要移动的文本，单击"开始"→"剪贴板"中的"剪切"按钮✂，或按快捷键 Ctrl+X。此时所选定的文本被剪切掉并保存在剪贴板之中。

（2）将插入点移到文本拟要移动到的新位置。

（3）单击"开始"→"剪贴板"中"粘贴"按钮📋，或按快捷键 Ctrl+V，所选定的文本便移动到指定的新位置上。

（七）复制文本

复制文本就是将某些文本从一个位置拷贝到另一个位置。复制文本的方法如下：

（1）选定所要复制的文本，单击"开始"→"剪贴板"中的"复制"按钮📋，或按快捷键 Ctrl+C。此时所选定文本的副本被临时保存在剪贴板中。

（2）将插入点移到文本拟要复制到的新位置。

（3）单击"开始"→"剪贴板"中的"粘贴"按钮📋，或按快捷键 Ctrl+V，则所选定文本的副本被复制到指定的新位置上。

（八）查找与替换

Word 的查找与替换功能不仅可以查找文档中的某一指定的文本，而且可以将文档指定的文本替换为需要的文本。其操作方法如下：

（1）单击"开始"功能区"编辑"组中的"替换"按钮，打开"查找和替换"对话框，并单击"替换"选项卡，如图 3-9 所示。

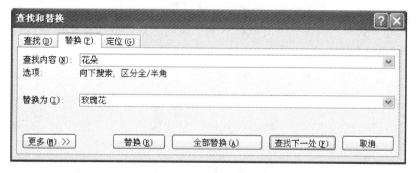

图 3-9　"查找和替换"对话框

（2）在"查找内容"列表框中键入要查找的内容，如键入"花朵"。

（3）在"替换为"列表框中键入要替换的内容，如键入"玫瑰花"。

（4）输入完要查找和要替换的文本和格式后，根据情况单击下列按钮之一：

①"替换"按钮：替换找到的文本，继续查找下一处并定位。

②"全部替换"按钮：替换所有找到的文本，不需要任何对话。

③"查找下一处"按钮：不替换找到的文本，继续查找下一处并定位。

"替换"操作不但可以对查找到的内容替换为指定的内容，也可以替换为指定的格式。

第三节 Word 的字体和段落设置

Word 可以对文字的格式，包括设置字体、字形、字号和颜色以及段落进行设置。

一、文字格式的设置

（一）设置字体格式

Word 在设置字体格式时，必须先选定要设置格式的文本。

（1）单击"开始"功能区"字体"组中的"字体"列表框 宋体 右端的下拉按钮，在展开的字体列表中单击所需的字体。

（2）单击"开始"功能区"字体"组中的"字号"列表框 五号 右端的下拉按钮，在展开的字号列表中单击所需的字号。

（3）单击"开始"功能区"字体"组中的"字体颜色"按钮 A 右端的下拉按钮，展开颜色列表框，单击所需的颜色。

（4）如果需要，则可单击"开始"功能区"字体"组中的"加粗""倾斜""下画线""字符边框""字符底纹"或"字符缩放"等按钮，给所选的文字设置"加粗""倾斜"等格式。

（二）改变字符间距、字宽度和水平位置

改变字符间距、字宽度和水平位置的具体操作方法如下：

（1）选定要调整的文本，单击鼠标右键，在随之打开的快捷菜单中选择"字体"，打开"字体"对话框。

（2）单击"高级"选项卡，得到如图 3-10 所示的"字体"对话框，进行设置。

（三）给文本添加下画线、着重号、边框和底纹

选定要设置格式的文本后，单击"开始"功能区"字体"组中的"下画线""字符边框"和"字符底纹"按钮即可。

我们可以使用对话框给文本添加边框和底纹。其操作步骤如下：

（1）选定要加边框和底纹的文本，单击"页面布局"功能区"页面背景"组中的"页面边框"按钮。

（2）在"页面边框"选项卡的"设置""样式""颜色""宽度"等列表中选定所需的参数，如图 3-11 所示。

（3）在"应用于"列表框中选定为"文本"，单击"确认"按钮。

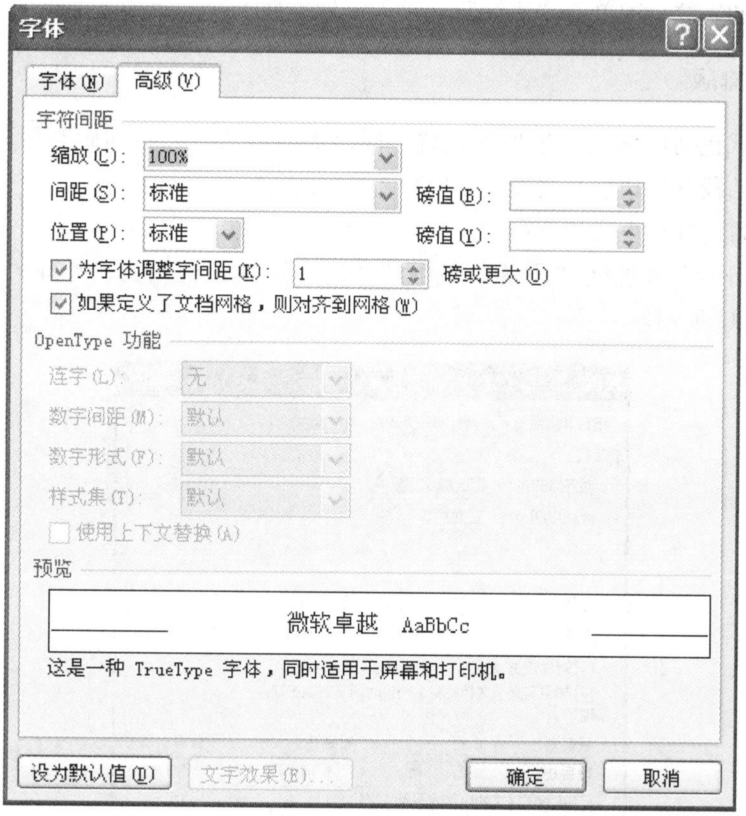

图 3-10 "字体"对话框"高级"选项卡

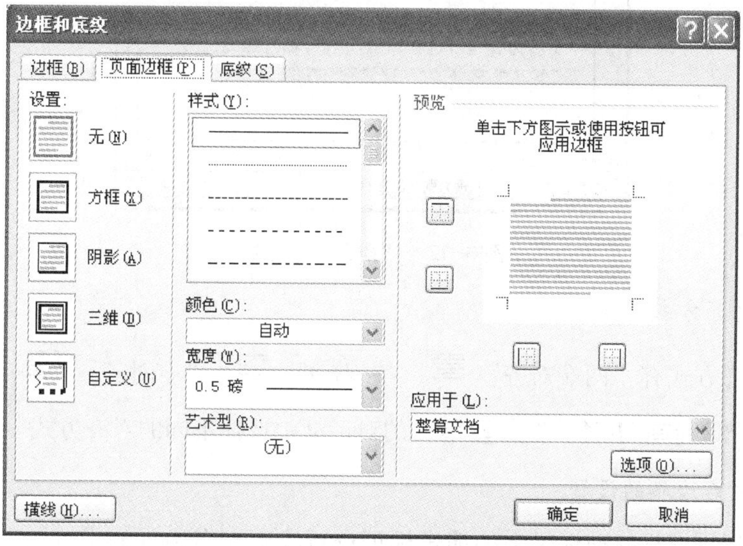

图 3-11 "边框和底纹"对话框

如果要加底纹，则单击"底纹"选项卡，做类似上述的操作。

二、段落的排版

段落格式包括段落左右边界的设置、段落的对齐方式、行间距与段间距的设定、段落编号、给段落加边框和底纹、分栏和制表位的设定等排版。

段落设置的操作方法如下：

单击"开始"功能区"段落"组中的"段落"对话框按钮，打开"段落"对话框。如图 3-12 所示。

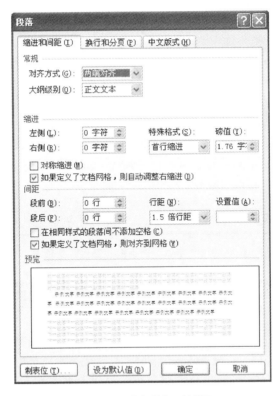

图 3-12 "段落"对话框

（一）段落对齐方式设置

段落对齐方式有"两端对齐" ≣ 、"左对齐" ≣ 、"右对齐" ≣ 、"居中" ≣ 和"分散对齐" ≣ 五种。在"段落"的对话框中选择不同的对齐方式。

（二）段落左右边界的设置

我们可以用鼠标拖动标尺上的缩进标记进行段落左右边界的设置。在普通视图和页面视图下，在水平标尺的两端有可以用来设置段落左右边界的可滑动的缩进标记，标尺的左端上下共有三个缩进标记：上方的顶向下的三角形 ▽ 是首行缩进标记，下方的顶向上的三角形 △ 是悬挂缩进标记，最下方的小矩形 ▢ 是左缩进标记。标尺右端

顶向上的三角形 是右缩进标记。下面分别介绍各个标记的功能：

- 首行缩进标记：仅控制第一行第一个字符的起始位置。
- 悬挂缩进标记：控制除段落第一行外的其余各行起始位置，且不影响第一行。
- 左缩进标记：控制整个段落的左缩进位置。
- 右缩进标记：控制整个段落的右缩进位置。

用鼠标拖动水平标尺上的缩进标记设置可以设置段落左右边界。

（三）行间距与段间距

在"段落"的对话框中选择不同的行间距：单倍行距、1.5 倍行距、2 倍行距、最小值、固定值、多倍行距选项设置行间距。

【案例 3-2】将"匆匆. docx"文档编辑成如图 3-13 所示的文档。

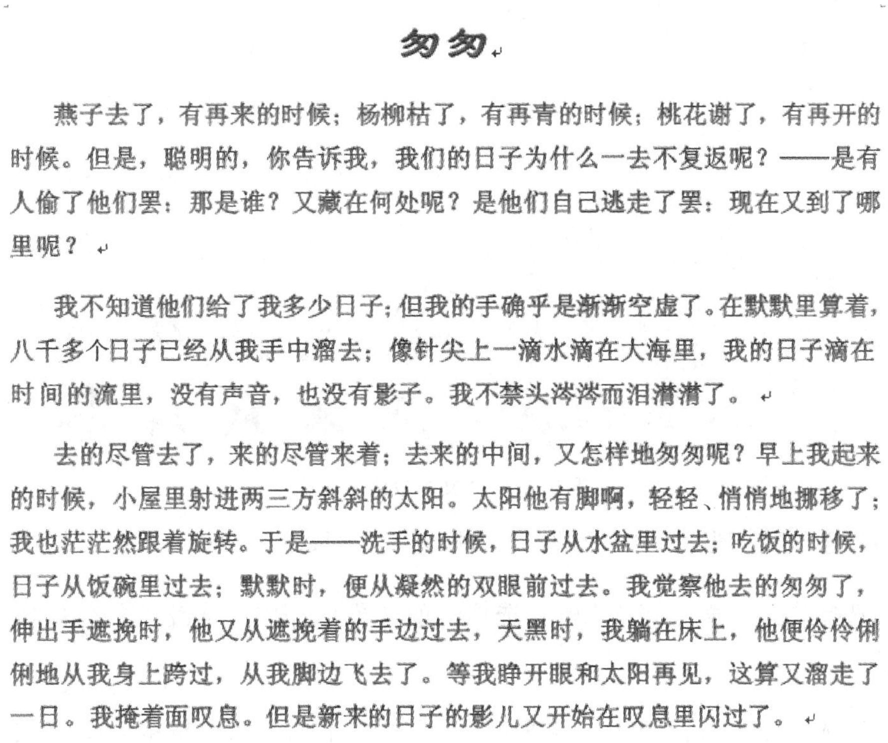

匆匆

　　燕子去了，有再来的时候；杨柳枯了，有再青的时候；桃花谢了，有再开的时候。但是，聪明的，你告诉我，我们的日子为什么一去不复返呢？——是有人偷了他们罢：那是谁？又藏在何处呢？是他们自己逃走了罢：现在又到了哪里呢？

　　我不知道他们给了我多少日子；但我的手确乎是渐渐空虚了。在默默里算着，八千多个日子已经从我手中溜去；像针尖上一滴水滴在大海里，我的日子滴在时间的流里，没有声音，也没有影子。我不禁头涔涔而泪潸潸了。

　　去的尽管去了，来的尽管来着；去来的中间，又怎样地匆匆呢？早上我起来的时候，小屋里射进两三方斜斜的太阳。太阳他有脚啊，轻轻、悄悄地挪移了；我也茫茫然跟着旋转。于是——洗手的时候，日子从水盆里过去；吃饭的时候，日子从饭碗里过去；默默时，便从凝然的双眼前过去。我觉察他去的匆匆了，伸出手遮挽时，他又从遮挽着的手边过去，天黑时，我躺在床上，他便伶伶俐俐地从我身上跨过，从我脚边飞去了。等我睁开眼和太阳再见，这算又溜走了一日。我掩着面叹息。但是新来的日子的影儿又开始在叹息里闪过了。

图 3-13　编辑"匆匆"的效果

其操作步骤如下：

（1）在"匆匆"文档中选择第一段文字，选择"开始"选项卡，在"字体"组中，选择字体为"隶书"，字号为"二号"，如图 3-14 所示。

图 3-14　"字体"设置

（2）选择其他段落的文字，设置字号为"小四"。

（3）单击快捷键 Ctrl+A 选择所有文档，选择"开始"选项卡，在"字体"组中，选择"文本效果"　，选择"渐变填充-橙"，如图 3-15 所示。

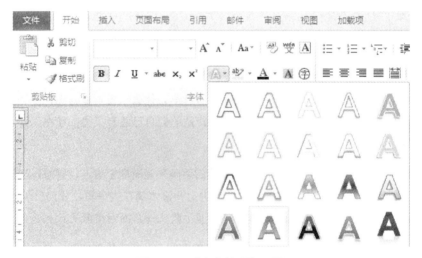

图 3-15　"文本效果"设置

（4）选择第一段，打开"开始"选项卡，在"段落"组中，单击"居中"按钮　。选择最后一段，在"开始"选项卡的"段落"中，单击"文本右对齐"按钮　。

（5）选择其他段落，拖动"水平标尺"中的"首行缩进"按钮　，将文本设置首行缩进两个汉字。

（6）单击"段落"组中的"打开对话框"　按钮，在"段落"对话框中（如图 3-16 所示）设置段前"0.5 行"，设置行距为"多倍行距"，在"设置值"中输入"1.3"。

图 3-16 "段落"对话框

三、版面设置

Word 可以对文档的版面设置，包括重新设置页边距、每页的行数和每行的字数，还可以给文档加页眉和页脚、插入页码和分栏等。

（一）页面设置

Word 可以使用"页面布局"功能区"页面设置"组的各项功能设置纸张大小、页边距和纸张方向等。其操作方法如下：

单击"页面布局"功能区"页面设置"组的"页面设置"按钮 ，打开如图 3-17 所示的"页面设置"对话框。

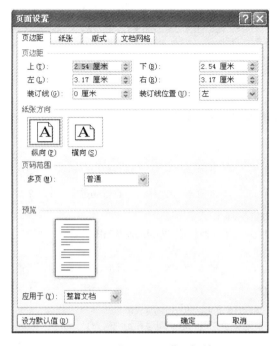

图 3-17 "页面设置"对话框

对话框中包含"页边距""纸张""版式"和"文档网格"四个选项卡。其中：

（1）在"页边距"选项卡中，可以设置上、下、左、右边距和页眉页脚距边界的位置。

（2）在"纸张"选项卡中，可以设置纸张大小和方向。

（3）在"版式"选项卡中，可以设置页眉和页脚在文档中的编排。

（4）在"文档网格"选项卡中，可以设置每一页中的行数和每行的字符数，还可以设置分栏数。

（二）插入分页符

为了将文档的某一部分内容单独形成一页，可以插入分页符进行人工分页。插入分页符的方法如下：

（1）将插入点移到新的一页的开始位置。

（2）按组合键 Ctrl+Enter，或单击"插入"功能区"页"组中的"分页"按钮。

（三）插入页码

插入页码可以使用"插入"功能区"页眉和页脚"组中的"页码"命令。其操作方法如下：单击"插入"功能区"页眉和页脚"组中的"页码"按钮，在"页码"下拉菜单，选择所需要页码的格式与位置。

（四）插入页眉和页脚

插入页眉和页脚的方法如下：

（1）单击"插入"功能区"页眉和页脚"组中的"页眉"按钮，打开如图 3-18

所示的"页眉"版式列表。

图 3-18 "页眉"版式列表

（2）在"页眉"版式列表中选择所需要的页眉版式，并键入页眉内容即可。

（五）分栏排版

Word 提供了分栏功能，使用"页面布局"功能区"页面设置"组中的"分栏"功能可以实现文档的分栏。

如果要对整个文档分栏，则将插入点移到文本的任意处。如要对部分段落分栏，则应先选定这些段落。

其操作方法如下：

（1）单击"页面布局"功能区"页面设置"分组中的"分栏"按钮，打开如图3-19所示的"分栏"菜单。

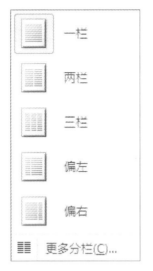

图 3-19 分栏菜单

如果"分栏"菜单中所提供的分栏格式不能满足要求，则可单击菜单中的"更多分栏"按钮，打开如图 3-20 所示的"分栏"对话框。

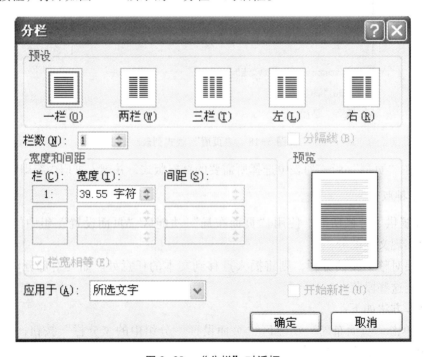

图 3-20 "分栏"对话框

（2）在"分栏"对话框中键入分栏数，在"宽度和间距"框中设置栏宽和间距。

（六）首字下沉

首字下沉用来表示每段的首行缩进，使内容醒目。

其操作方法如下：

选择要设置的首字下沉的文字。

（1）单击"插入"功能区"文本"组中的"首字下沉"按钮，如图 3-21。

图 3-21 "首字下沉"对话框

（2）从"无""下沉"和"悬挂"三种首字下沉格式选项中选定一种，单击"确定"按钮。

第四节　Word 表格制作

Word 提供了丰富的表格功能，可以实现快速创建表格、编辑表格的基本操作。

一、表格的创建

创建表格的方法如下：

首先将光标定位到插入表格的位置。

（1）单击"插入"功能区"表格"组的"表格"按钮，出现如图 3-22 所示的"插入表格"对话框。输入表格的列数和行数。

（2）在"插入表格"对话框（如图 3-23 所示）中，用鼠标在表格框内向右下方向拖动，选定所需的行数和列数，然后松开鼠标，表格自动插到当前的光标处。

图 3-22　"插入表格"对话框

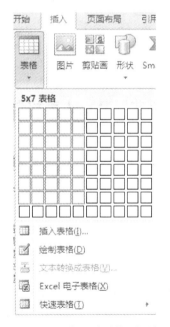

图 3-23　"插入表格"对话框

二、表格的编辑与修饰

（一）选定表格

为了对表格进行编辑与修饰，首先必须选定要修改的表格或单元格。
常用选定表格或单元格方法有以下几种：

1. 选定单元格或单元格区域

使用鼠标选定单元格，向上、下、左、右拖动鼠标选定相邻多个单元格即单元格区域。

2. 选定表格的行

表格的行与选定文本行的操作一样，将鼠标指针移到文本区的"选定区"，鼠标指针指向要选定的行，单击鼠标选定一行。

3. 选定不连续的单元格

Word 允许选定多个不连续的区域，选择方法是按住 Ctrl 键，依次选中多个不连续的区域。

4. 选定整个表格

单击表格左上角的移动控制点，可以迅速选定整个表格。

（二）修改表格的行高和列宽

使用"表格属性"对话框可以设置包括行高或列宽在内的许多表格的属性。修改表格的行高或列宽的方法如下：

（1）选定要修改列宽的一列或数列。

（2）单击"表格工具"选项卡"布局"功能区"表"组中的"属性"命令，打开"表格属性"对话框，单击"列"选项卡，得到"列"选项卡窗口。

（3）单击"指定宽度"前的复选框，并在文本框中键入列宽的数值，在"度量单位"下拉列表框中选定单位，其中"百分比"是指本列占全表中的百分比。单击"确定"按钮即可。

（三）插入或删除行或列

1. 插入行

插入行的快捷方法：单击表格最右边的边框外，按回车键，在当前行的下面插入一行；或将光标定位在最后一行最右一列单元格中，按 Tab 键追加一行。

2. 插入单元格

（1）选定若干单元格。

（2）单击"表格工具"选项卡"布局"功能区"行和列"组中的"表格中插入单元格"按钮。

3. 删除行或列

单击"表格工具"选项卡"布局"功能区"行和列"组中的"删除"按钮即可。

（四）合并或拆分单元格

1. 合并单元格

选定两个或两个以上相邻的单元格，单击"表格工具"选项卡"布局"功能区"合并"组中的"合并单元格"按钮。

2. 拆分单元格

选定要拆分的一个或多个单元格，单击"表格工具"选项卡"布局"功能区"合并"组中的"拆分单元格"按钮。

（五）表格格式的设置

表格创建后，可以使用"表格工具"选项卡"设计"功能区"表格样式"组中内置的表格样式对表格格式进行设置。该功能还提供修改表格样式，预定义了许多表格的格式、字体、边框、底纹、颜色等操作。

其操作方法如下：

将插入点移到要排版的表格内，单击"表格工具"选项卡"设计"功能区"表格样式"组中内置的"其他"按钮，打开表格样式列表框；在表格样式列表框中选定所需的表格样式即可。

【案例3-3】使用表格制作一份个人情况登记表，如图3-24所示。

姓名		性别		
民族		籍贯		
出生年月		政治面貌		
学历		专业		
☎				
✉				

图3-24 "个人情况登记表"效果

（1）单击"插入"选卡，在"表格"选择"插入表格"，在"插入表格"对话框中输入"列数"为"5"，行数为"6"，如图3-25所示。生成的表格如图3-26所示。

图3-25 "插入表格"对话框

图3-26 表格效果

（2）选择表格的第5列的1~4行，用鼠标右键单击快捷菜单中的"合并单元格"选项（如图3-27所示），合并单元格。选择表格的第5~6行的第2~5列，用鼠标右键单击快捷菜单中的"合并单元格"，完成合并单元格。用鼠标右键单击该单元格，选择"拆分单元格"，在"拆分单元格"对话框中输入"列数"为1，"行数"为"2"，如图3-28所示。

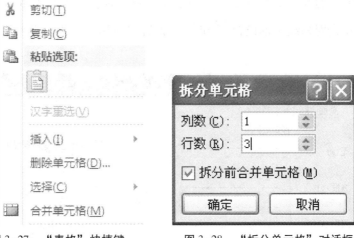

图 3-27　"表格"快捷键　　　图 3-28　"拆分单元格"对话框

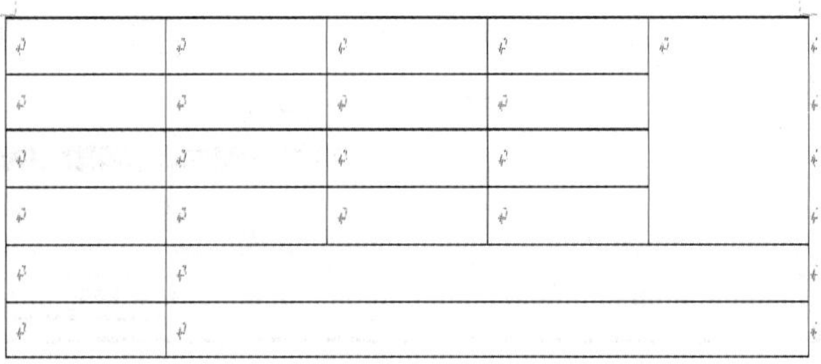

图 3-29　经过合并和拆分后的表格效果

（3）输入文本。按下 Ctrl 键，不连续地选择如图 3-30 所示的蓝色的单元格区域，单击鼠标右键，选择"边框和底纹"，选择"底纹"选项卡，设置一种背景色。

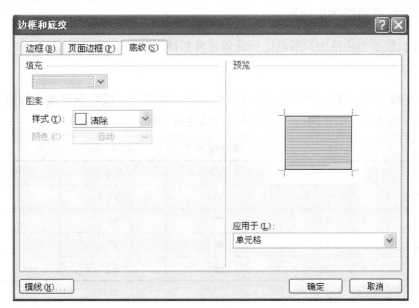

图 3-30　"边框和底纹"对话框

（4）用鼠标右键单击表格的最左上角的单元格，选择"边框和底纹"，选择"边框"选项卡，单击对角线边框设置 和 ，设置"应用于"为"单元格"，如图3-31所示。

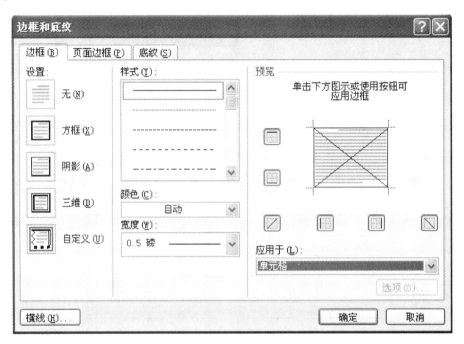

图 3-31 "边框和底纹"对话框

（5）输入表格的文字，按下 Ctrl+A 键，全选表格，设置表格的字体为四号，最终表格的效果如图3-24所示。

三、表格内数据的排序和计算

Word 提供了对表格中的数据进行简单计算和排序功能。

（一）排序

以学生成绩表的排序为例介绍排序操作。排序要求是：按数学成绩进行递减排序，当两个学生的数学成绩相同时，再按英语成绩递减排序。如表3-3所示。

表 3-3 学生成绩表

姓名	语文	英语	数学	总分
张明	92	83	87	
赵亮	87	77	91	
陈丽丽	89	88	87	
刘小	88	68	67	

（1）将光标插入点置于要排序的学生考试成绩表格中。

（2）单击"表格工具"选项卡"布局"功能区"数据"组中的"排序"按钮，打开如图 3-32 所示的"排序"对话框。

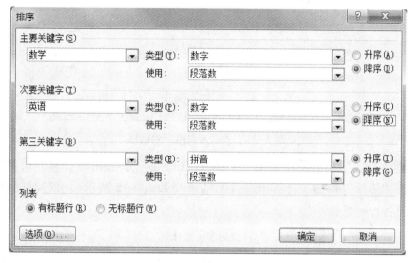

图 3-32 "排序"对话框

（3）在"主要关键字"列表框中选定"数学"项，其右边的"类型"列表框中选定"数字"，再单击"降序"单选钮。

（4）在"次要关键字"列表框中选定"英语"项，其右边的"类型"列表框中选定"数字"，再单击"降序"单选钮，单击"确认"按钮。

排序结果如表 3-4 所示。

表 3-4　　　　　　　　　　　　　　学生成绩表

姓名	语文	英语	数学	总分
赵亮	87	77	91	
陈丽丽	75	88	87	
张明	92	83	87	
刘小	88	68	67	

（二）计算

Word 提供了对表格数据求和、求平均值等计算功能。以图 3-22 所示的学生考试成绩表为例，计算学生考试平均成绩。其计算方法如下：

（1）将光标指向求和的单元格中。

（2）单击"表格工具"选项卡"布局"功能区"数据"组中的"公式"按钮，打开如图 3-33 所示的"公式"对话框。

图 3-33 "插入表格"对话框

（3）在"公式"列表框中显示"＝SUM（LEFT）"，表明要计算左边各列数据的总和。单击"确认"按钮，计算出总分的结果（如表 3-5 所示）。以同样的操作方法可以计算出各行的总分。

表 3-5 计算后学生成绩表

姓名	语文	英语	数学	总分
赵亮	87	77	91	255
陈丽丽	75	88	87	264
张明	92	83	87	262
刘小	88	68	67	223

如果要求计算平均值，应将其修改为"＝AVERAGE（LEFT）"公式。

第五节　Word 的图片混排功能

一、插入图片

Word 通过剪贴库实现了将各类剪贴画插入到文档中。

（一）插入剪贴画

其操作方法如下：

（1）将光标插入到要插入剪贴画或图片的位置。

（2）单击"插入"功能区"插图"组中的"剪贴画"按钮，打开如图 3-34 所示的"剪贴画"任务窗格。

图 3-34　"剪贴画"任务窗格

（3）在"搜索文字"编辑框中输入准备插入的剪贴画的关键字（如"动物"），单击"结果类型"下拉三角按钮，在类型列表中仅选中"插图"复选框即可。

（4）单击"搜索"按钮。如果被选中的收藏集中含有指定关键字的剪贴画，则会显示剪贴画搜索结果。

（5）单击选定的剪贴画即可将该剪贴画插入到文档中。

（二）图片的环绕

选定图片，单击"图片工具"功能区的"排列"组的"位置"按钮，可以设置图片的文字环绕格式。

【案例3-4】在"匆匆. docx"中插入剪贴画"花"，如图 3-35 所示。

匆匆

燕子去了，有再来的时候；杨柳枯了，有再青的时候；桃花谢了，有再开的时候。但是，聪明的，你告诉我，我们的日子为什么一去不复返呢？——是有人偷了他们罢：那是谁？又藏在何处呢？是他们自己逃走了罢：现在又到了哪里呢？

我不知道他们给了我多少日子；但我的手确乎是渐渐空虚了。在默默里算着，八千多个日子已经从我手中溜去；像针尖上一滴水滴在大海里，我的日子滴在时间的流里，没有声音，也没有影子。我不禁头涔涔而泪潸潸了。

去的尽管去了，来的尽管来着；去来的中间，又怎样地匆匆呢？早上我起来的时候，小屋里射进两三方斜斜的太阳。太阳他有脚啊，轻轻、悄悄地挪移了；我也茫茫然跟着旋转。于是——洗手的时候，日子从水盆里过去；吃饭的时候，日子从饭碗里过去；默默时，便从凝然的双眼前过去。我觉察他去的匆匆了，伸出手遮挽时，他又从遮挽着的手边过去，天黑时，我躺在床上，他便伶伶俐俐从我身上跨过，从我脚边飞去了。等我睁开眼和太阳再见，这算又溜走了一日。我掩着面叹息。但是新来的日子的影儿又开始在叹息里闪过了。

图 3-35 "插入剪贴画"的效果

其操作步骤如下：

（1）将鼠标定位在要插入图片的位置。

（2）打开"插入"选项卡，在"插图"组中，选择"剪贴画"命令，出现"剪贴画"任务窗格，如图 3-36 所示。

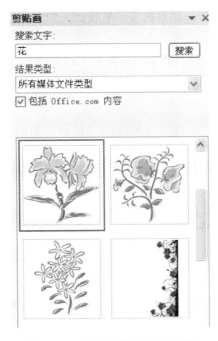

图 3-36 "剪贴画"的任务窗格

（3）在"剪贴画"任务窗格的"搜索"框中，键入描述所需剪贴画的单词或词组，如"花"，如图 3-36 所示。

（4）单击"搜索"按钮，在"结果"框中，单击一幅剪贴画，则剪贴画插入在文件中。

（5）选中图片，用鼠标拖动图片对角线上的小圆，可以修改图片大小。

（6）用鼠标右键单击图片，在"布局"对话框中，选择"文字环绕"，设置图片环绕方式为"四周型"（如图 3-37 所示），然后拖动图片到合适位置即可。

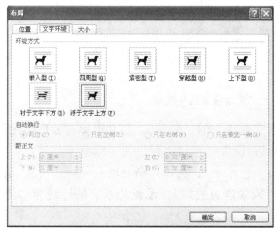

图 3-37　"布局"对话框　　　　　图 3-38　"首字下沉"选项

（7）光标定位到文档第 2 段，选择"插入"选项卡，在"文本"组中，单击"首字下沉"（如图 3-38 所示），则第 2 段的"燕"字下沉。

二、绘制图形

Word 提供了一套绘制图形的工具，利用它可以创建各种图形。

其操作方法如下：

单击"插入"功能区"插图"组中的"形状"按钮，打开自选图形单元列表框，可以从中选择所需的图形单元并绘制图形。选中一个绘制好的图形单元后，Word 窗口中会自动增加一个"绘图工具"功能区，利用"绘图工具"功能区可以对图形单元进行修饰、添加文字、调整叠放次序、组合等操作。

【案例 3-5】制作如图 3-39 所示的图形和艺术字效果。

图 3-39　"布局"的对话框

其操作步骤如下：

（1）选择"插入"选项卡，选择"形状"的"云形标注"，拖动云形标注最下方的椭圆中的黄色菱形到云形的中间。设置"形状轮廓"为"无轮廓"，设置"形状填充"为"绿色"，如图 3-40 所示。

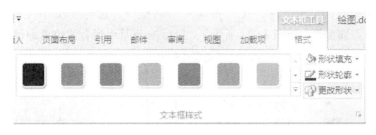

图 3-40 "文本框工具"选项

（2）选择"插入"选项卡，选择"形状"的"矩形"，拖动矩形到云形标注下方。设置矩形的"形状轮廓"为"无轮廓"，设置"形状填充"为"绿色。"

（3）选择"插入"选项卡，单击"艺术字"，选择"渐变填充-蓝色，在"请在此放置你的文字"对话框中输入文本"风景这边独好"。设置艺术字的环绕为"浮于文字上方"，调整艺术字到合适的位置。

第六节　Word 操作题

第 1 题　对"文档 1. docx"中的文字进行编辑、排版和保存。具体要求如下：

（1）将标题段（"NBA 常规赛"）文字设置为二号、蓝色、黑体、加粗，字符间距加宽 5 磅，并添加阴影效果，阴影效果的"预设"值为"外部向右偏移"。

（2）将正文各段落（"NBA 比赛……取代之前的 2-3-2"）文字段设置为小 4 号宋体；设置正文各段落左、右缩进 4 字符，首行缩进 2 字符。

（3）在页面底端（页脚）居中位置插入页码，并设置起始页码为"iii"。

（4）将文中后 11 行文字转换为一个 11 行 9 列的表格，设置表格居中，表格列宽为 2.5 厘米，行高 0.6 厘米，表格中所有文字中部居中。

（5）设置表格样式为"内置样式-浅色底纹-强调文字颜色 1"。

【文档 1. docx 开始】

NBA 常规赛

NBA 比赛分为季前赛、常规赛和季后赛三大部分。

NBA 的季前赛为各球队的热身赛，常规赛比赛采用主、客场制，30 支球队在常规赛赛季共要进行 1 230 场比赛，每个球队在常规赛中参加的比赛场次数都是 82 场。不过，常规赛中各球队相互间的比赛场数不等。同一联盟且同一赛区的球队之间进行两主、两客，共 4 场比赛；不同联盟间的球队之间进行一主、一客，共两场比赛；同一联盟不同赛区的两支球队间进行 3~4 场比赛，这一比赛数目各队不同，但可以保证各队参加常规赛的总场次是 82 场比赛。当 NBA 出现劳资纠纷等情况的时候比赛场次数会发生变化，变为 50 场，称为缩水赛季。

常规赛结束之后，东、西、联盟排前八位的球队进入季后赛争夺，东、西两个联盟中各个赛区的冠军加上成绩最好的赛区的第二名组成前四号种子，剩余四支球队则按成绩依次排为 5~8 号种子。季后赛是淘汰赛制，第一轮是东、西部联盟的第一名对第八名，第二名对第七名，第三名对第六名，第四名对第五名。淘汰赛直到决出东、西部冠军为止，然后由东、西部冠军队进行总决赛。季后赛和总决赛都采用 7 场 4 胜制，常规赛胜率较高的球队获得多一个主场的优势。季后赛主、客场按 2，2，1，1，1 原则进行（其中 NBA 总决赛主、客场自 2014 年开始由 2-2-1-1-1 取代之前的 2-3-2）。

排名	球队	胜	负	胜率	胜差	得分	失分	分差
1	老鹰1	60	22	73.2%	0	102.5	97.1	5.4
2	骑士1	53	29	64.6%	7	103.1	98.7	4.4
3	公牛	50	32	61%	10	100.8	97.8	3
4	猛龙1	49	33	59.8%	11	104	100.9	3.1
5	奇才	46	36	56.1%	14	98.5	97.8	0.7
6	雄鹿	41	41	50%	19	97.8	97.4	0.399
7	凯尔特人	40	42	48.8%	20	101.4	101.2	0.2
8	篮网	38	44	46.3%	22	98	100.9	-2.9
9	步行者	38	44	46.3%	22	97.3	97	0.3
10	热火	37	45	45.1%	23	94.7	97.3	-2.6

【文档 1. docx 结束】

第 2 题　试对"文档 2. docx"中的文字进行编辑、排版和保存。具体要求如下：

（1）将文中所有错词"复盖"替换为"覆盖"。将标题段文字（森林覆盖率）设置为红色三号隶书、加粗、居中，并添加双实线下划线（"__"）。

（2）设置正文第一段（"植被复盖率……绿化水平的重要指标"）首字下沉 2 行（距正文 0.2 厘米）；设置正文其余各段落（"计算方式：……重要依据之一"）首行缩进 2 字符并添加编号"一、""二、""三、"。

（3）设置左、右页边距各为 2.5 厘米。

（4）将文中后 11 行文字转换成一个 11 行 2 列的表格，设置表格居中、表格列宽为 6 厘米、行高为 1 厘米、表格中所有文字"水平居中"。

（5）设置表格外框线为 2 磅绿色单实线、内框线为 1 磅绿色单实线；按"国家"列（依据"拼音"类型）降序排列表格内容。

【文档 2. docx 开始】

森林覆盖率

植被复盖率通常是指森林面积占土地总面积之比，一般用百分数表示。但国家规定在计算森林复盖率时，森林面积还包括灌木林面积、农田林网树占地面积以及四旁树木的复盖面积。森林覆盖率，是反映森林资源和绿化水平的重要指标。

计算方式：随机选定多个一平方的被测点，测量其投影面积，求出平均值，然后乘以总的植被面积。

中国森林覆盖率系指郁闭度 0.3 以上的乔木林、竹林、国家特别规定的灌木林地、经济林地的面积，以及农田林网和村旁、宅旁、水旁、路旁林木的复盖面积的总和占土地面积的百分比。区别就是植被包括森林和农田果园之类的，而森林是单独的一类，不包括这些。

植被复盖率指某一地域植物垂直投影面积与该地域面积之比，用百分数表示。森林复盖率亦称森林覆被率，是指一个国家或地区森林面积占土地面积的百分比，是反映一个国家或地区森林面积占有情况或森林资源丰富程度及实现绿化程度的指标，又是确定森林经营和开发利用方针的重要依据之一。

世界上森林复盖率排在前十位的国家依次为：

国家	覆盖率
苏里南（南美洲）	森林覆盖率为 95%
所罗门群岛（大洋洲）	森林覆盖率为 90%
法属圭亚那（南美洲）	森林覆盖率为 80.2%
圭亚那（南美洲）	森林覆盖率为 76.1%
扎伊尔（非洲）	森林覆盖率为 75.3%
加蓬（非洲）	森林覆盖率为 74.7%
朝鲜（亚洲）	森林覆盖率为 74.4%
柬埔寨（亚洲）	森林覆盖率为 73.8%
文莱（亚洲）	森林覆盖率为 71.9%
不丹（亚洲）	森林覆盖率为 69.8%

【文档 2.docx 结束】

第 3 题　试对"文档 3.docx"中的文字进行编辑、排版和保存。具体要求如下：

（1）将文中所有错词"国名"替换为"国民"。将标题段（"国名生产总值"）文字设置为三号黑体、加粗、居中、倾斜，并添加蓝色底纹。

（2）设置正文各段落（"国名生产总值……计算在内"）为 1.5 倍行距，段后间距 0.5 行。设置正文段落首行缩进 2 字符。为正文第二段和第三段（"国名生产总值……计算在内"）添加项目符号"■"。

（3）设置页面"纸张"为"B5（18.2×25.7 厘米）"。

（4）将文中后 11 行文字转换为一个 11 行 3 列的表格，设置表格居中、表格列宽为 5 厘米、行高为 0.8 厘米，设置表格所有文字"水平居中"。

（5）设置表格所有框线为 1 磅蓝色双窄线（__）；为表格第一行添加"白色、背景 1、15%"的灰色底纹；按"国家"列（依据"拼音"类型）升序排列表格内容。

【文档 3. docx 开始】

国名生产总值

国名生产总值（Gross National Product，GNP）指一个国家（或地区）所有国民在一定时期内新生产的产品和服务价值的总和，为最重要的宏观经济指标。

国名生产总值是一国所拥有生产要素所生产的最终产品价值，为一个国家（地区）所有常驻机构单位在一定时期内（年或季）收入初次分配的最终成果。国名生产总值是按国民原则核算的，只要是本国（或地区）居民，无论是否在本国境内（或地区内）居住，其生产和经营活动新创造的增加值都应该计算在内。

2012 年各国 GDP 对比

排名	国家	亿美元
001	美国	150 940. 30
002	中国	72 981. 47
003	日本	58 694. 71
004	德国	35 770. 31
005	法国	27 763. 24
006	巴西	24 929. 08
007	英国	24 175. 70
008	意大利	21 987. 30
009	俄罗斯	18 504. 01
010	加拿大	17 368. 69

【文档 3. docx 结束】

第四章 Excel 2010 的使用

【学习重点】

本章紧扣考试大纲要求，介绍 Excel 2010 的基本操作和使用方法。本章共使用 10 个学时，学习掌握以下知识点：

1. Excel 的工作簿、工作表的建立、保存等。
2. 工作表的数据输入、编辑、格式设置、条件格式设置。
3. 工作表的公式和函数应用。
4. Excel 图表的建立、编辑与修饰。
5. 数据清单的建立、排序、筛选和分类汇总等操作。

第一节 Excel 2010 的基本概念

一、Excel 的基本功能

Excel 2010 是微软公司推出的 Office 2010 办公系列软件的一个重要组成部分，是一个功能强大的电子表格处理软件，提供了表格制作、运算、图表建立、数据库管理、决策支持、在数据处理方面，具有公式计算、函数应用、数据排序、筛选、分类汇总、数据透视表、生成图表等功能。

利用 Excel 可以非常方便地制作文字、数字、图表、图形集于一体的电子表格，并且通过使用公式和函数可以对表格数据进行复杂运算，甚至是跨表格的运算。同时，可以根据表格数据生成直观的图表。通过 Excel 提供的数据透视表和数据透视图，可以更好地完成对表格数据的分析。Excel 还广泛应用于众多领域。

（1）会计方面，可以在众多财务会计表（如现金流量表、收入表或损益表）中使用 Excel 强大的计算功能。

（2）预算方面，可以在 Excel 中创建任何类型的预算，如市场预算计划、活动预算或退休预算。

（3）账单和销售方面，可以用于管理账单和销售数据。用户可以轻松创建所需表单，如销售发票、装箱单或采购订单。

（4）报表方面，可以用于各种反映数据分析或汇总数据的报表，如评估项目绩效、显示计划结果与实际结果之间的差异的报表、预测数据的报表等。

（5）计划方面，可以用于创建专业计划或有用计划程序的理想工具。

二、Excel 的基本概念

（一）启动 Excel

启动 Excel 的常用方法有下列三种方式：

方式一：单击"开始"按钮，将鼠标指针移到"程序"选项处，单击"Microsoft Excel"命令，系统自动新建空白工作簿，并出现 Excel 窗口，如图 4-1 所示。

方式二：双击桌面上 Excel 快捷方式图标。

方式三：双击 Excel 文件的名字图标。

（二）Excel 窗口

Excel 启动后，打开应用程序窗口，如图 4-1 所示。窗口主要由工作簿标题栏功能区、一组选项卡、名称框、数据编辑区、状态栏、工作表区等组成。

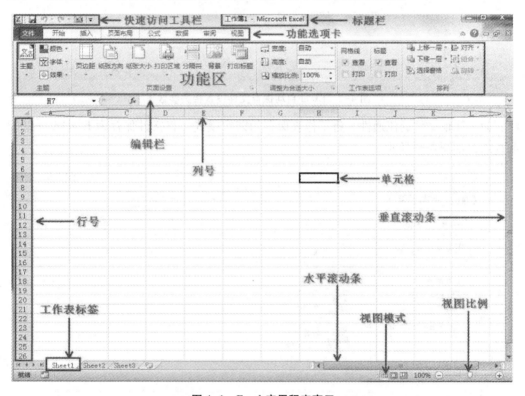

图 4-1　Excel 应用程序窗口

（三）保存 Excel 文件

1. 设置自动保存文件

自动保存文件的意义在于，避免因计算机突然断电或其他故障造成正在进行的文件的丢失。点击"文件"选项的"保存"按钮，在调出的界面中设置相关参数，如图 4-2所示。

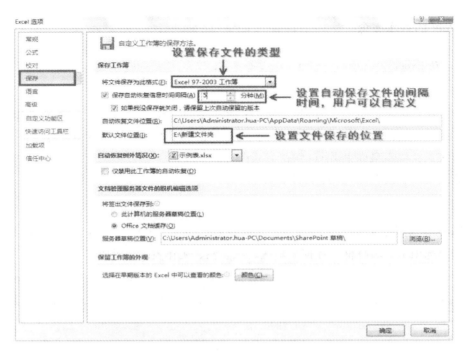

图 4-2　Excel 自动保存文件设置相关参数

　　为了保证文件的流通性，将工作表保存为兼容模式，将文件保存为 Excel 97-2003 的模式，如图 4-3 所示。

图 4-3　将文件保存为 Excel 97-2003 的模式

（四）工作簿、工作表和单元格

（1）工作簿。用 Excel 创建的文件称为工作簿。它的扩展名为. xls。一个工作簿最多可以含有 255 个工作表。启动 Excel 后，新建第一个工作簿的默认名：book1. xls。工作簿默认有 3 个工作表，分别命名为 Sheet1、Sheet2 和 Sheet3。

（2）工作表由单元格、行号、列标、工作表标签等组成。一张工作表由 65 536 行、256 列单元格组成。工作表标签分别是 Sheet1、Sheet2 和 Sheet3。

（3）单元格与单元格区域。每一个单元格由行号列标的单元格地址组成，如第 3 行、第 4 列的单元格地址是 D3（如图 4-4 所示）。单元格列标：A-Z、AA-AZ、…、IA-IV。行号：1-65 536。

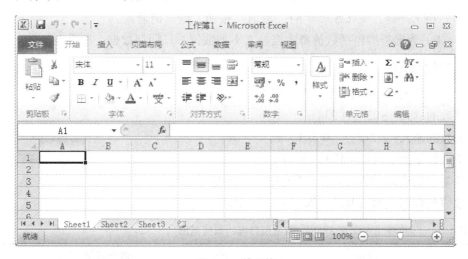

图 4-4　单元格

单元格区域将多个连续的单元格称为单元格区域，一般用"起始单元格地址：终止单元格地址"来表示。例如，A1：C5，如图 4-5 所示。

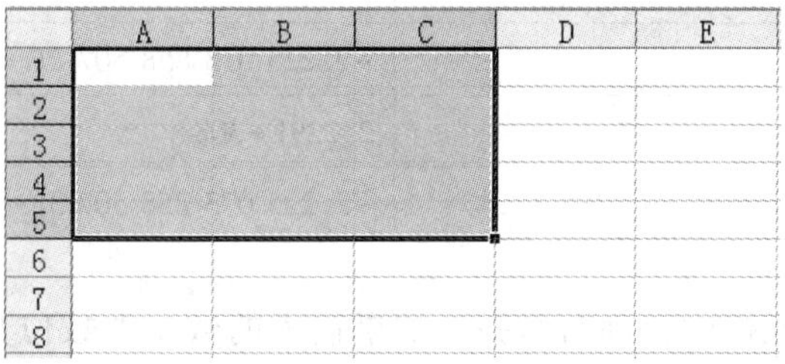

图 4-5　单元格区域

（4）当前单元格。用鼠标单击一个单元格，该单元格被选定为当前（活动）单元格。

（五）退出 Excel

退出 Excel 的方式有以下几种：

（1）单击功能区最右边的"关闭"按钮 ▇。

（2）单击"文件"选项卡，选择"退出"命令。

（3）单击功能区左端 ✖ 按钮，并选择"关闭"命令。

（4）按 Alt+F4 键。

三、Excel 数据类型及数据输入

输入和编辑数据时需先选定某单元格使其成为当前单元格。数据输入的方法如下：

（1）选定要输入数据的单元格；

（2）从键盘上输入数据；

（3）按回车键，或按编辑栏的"输入"按钮，确认输入；

（4）按 Esc 键，或按编辑栏的"取消"按钮，则取消输入。

Excel 的数据类型包括数值型数据、文本型数据、日期型数据、逻辑型等。

（一）数值型数据

正数的输入：+234，13，333，333

负数的输入：-234，（234）

分数的输入：2 2/3，0 3/4

货币数据的输入：￥123，$ 21

科学记数法数据的输入：1.23E3，-1.2e10

数值型数据的取值范围，如表4-1所示。

表4-1 数值型数据的取值范围

功能	最大限制
数字精度	15 位
单元格中键入的最大数值	9.999 999 999 999 99E307
最大正数	1.797 693 134 862 31E308
最小负数	-2.225 073 858 507 2E-308
最小正数	2.229E-308
最大负数	-2.225 073 858 507 3E-308

数值型数据在单元格中自动右对齐，如果输入的数据整数位数超过11位时，单元格将自动以科学计数法的形式显示数据；若整数位数小于11位，但单元格的宽度不能容纳其中的数字位数时，单元格中将显示"####"，将单元格加宽，即可将数字正常显示。

（二）文本型数据

字符文本应逐字输入，数字文本以"开头"输入，或用＝"数字"方式输入。输入文本32，可输入：＝"32"或输入：32，数字文本32不能进行算术运算。默认居左显示。文本形式的公式，要通过"插入"｜"对象"菜单命令。

（三）日期型数据

日期型数据以 yy-mm-dd 形式或 mm-dd 形式输入，默认格式情况下进行输入。日期型数据自动居右显示。通过格式化得到其他形式的日期，这样可以减少输入。日期型数据单元格中实际保存的是数值和日期型格式；如果选中日期型数据单元格，单击"开始"｜"数字"｜"常规"下拉列表，选择"常规"格式，将日期型格式清除。此时，单元格中将显示"41 161"，即日期型数据存放的是该日期距"1900 年 1 月 1 日"为多少天。

插入日期型数据的快捷键的操作如下：

插入当前日期：Ctrl+；（分号）

插入当前时间：Ctrl+Shift+；（分号）

插入当前日期和时间的操作如下：

按"Ctrl+；"，再按下空格键；然后按"Ctrl+Shift+；"。

格式化方法：选择"开始"｜"数字"选项卡的"对话框"按钮，在"设置单元格格式"对话框中选择"数字"选项卡，"分类"列表框选择"日期"，然后在"类型"列表框选择日期格式类型。如图 4-6 所示。

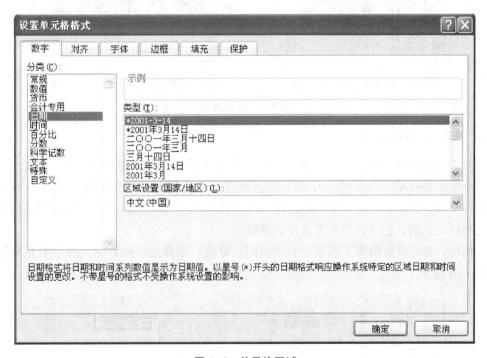

图 4-6 单元格区域

（四）逻辑型数据

TRUE 表示真；FALSE 表示假。常见的数据格式如表 4-2 所示。

表 4-2   **常见数据格式**

数据格式	说明
文本数据	文本数据由汉字、字母、数字、特殊符号、空格等组合而成。
数值数据	数值数据由数字、+、－、(、)、小数点、¥、$、%、/、E、e 等组成。数值数据的特点：可以对其进行算术运算。
日期和时间	日期格式，例如：2015/07/18 或 2017-07-18 或 18-Jul-17 时间格式，例如：l6：30 或 4：30PM 日期与时间组合，例如：2015/07/18 16：30
逻辑值	逻辑值数据有两个："TRUE"（真值）和"FALSE"（假值）

（五）输入相同的数据

复制相同数据，建立具有相同数据的不同工作表，可用复制方法。例如，某班主任建立相同的成绩表头，可用此法。如图 4-7 所示。

图 4-7   复制表头

（六）填充复制相同数据

对于一些有规律或相同的数据，可以采用自动填充功能高效输入。在工作表中选择一个单元格或单元格区域，在右下角会出现一个控制柄。当光标移动至控制柄时，会出现"+"形状填充柄，拖动填充柄，可以实现快速自动填充。利用填充柄不仅可以填充相同的数据，还可以填充有规律的数据。

例如，在"学生档案"表中，入学时间、班级、系都是相同数据，可以填充复制。如图 4-8 所示。

	A	B	C	D	E	F	G	H
1	学号	姓名	入学时间	性别	出生年月	班级	专业	备注
2	1003020101	李卯	2003-9-1	男	1983-2-2	JK0001	计算机通信	
3	1003020102	王本成	2003-9-1	男	1985-7-5	JK0001		
4	1003020103	孙自立	2003-9-1	女	1980-6-5	JK0001		
5	1003020104	张磊	2003-9-1	男	1982-6-3	JK0001		
6	1003020105	黄明	2003-9-1	女	1987-3-2	JK0001		
7	1003020106	岸边	2003-9-1	男	1988-3-3	JK0001		
8	1003020107	王实参	2003-9-1	男	1986-2-12	JK0001		
9	1003020108	李于习	2003-9-1	男	1979-3-1	JK0001		
10	1003020109	刘涛	2003-9-1	女	1988-3-4	JK0001		
11	1003020110	洪峰	2003-9-1	女	1987-6-12	JK0001		

图 4-8   填充复制相同数据

四、工作表操作

（一）选定工作表

选定工作表的方式如表 4-3 所示。

表 4-3　　　　　　　　　　　　　　工作表的选定

选择	操作
一张工作表	单击该工作表的标签。 Ｍ ◀ ▶ Ｍ　Sheet1　Sheet2　Sheet3
两张或多张相邻的工作表	单击第一张工作表标签，然后按住 Shift 键的同时单击要选择的最后一张工作表的标签。
两张或多张不相邻的工作表	单击第一张工作表的标签，然后在按住 Ctrl 键的同时单击要选择的其他工作表的标签。
工作簿中的所有工作表	右键单击某一工作表的标签，然后单击快捷菜单上的"选定全部工作表"。

（二）插入新工作表

选定一个或多个工作表标签，单击鼠标右键，在弹出的菜单中选择"插入"命令，即可插入与所选定数量相同的空白工作表。

（三）删除工作表

选定一个或多个要删除的工作表，选择"开始"选项卡的"编辑"命令组，选择"删除"命令。

（四）重命名工作表

将鼠标指向工作表标签，双击工作表，输入新的名字即可。

（五）移动或复制工作表

在工作簿内移动工作表的操作是：选定要移动的一个或多个工作表标签，用鼠标指针指向要移动的工作表标签，按住鼠标左键沿标签向左或右拖动工作表标签的同时会出现黑色小箭头。当黑色小箭头指向要移动到的目标位置时，放开鼠标按键，完成移动工作表。

复制工作表的操作与移动工作表的操作类似，只是在拖动工作表标签的同时需按下 Ctrl 键。当鼠标指针移到要复制的目标位置时，先放开鼠标按键，后放开 Ctrl 键即可。

（六）拆分和冻结工作表窗口

1. 拆分窗口

一个工作表窗口可以拆分为"两个窗口"或"四个窗口"。拆分窗口的具体操作如下：

用鼠标单击要拆分的行或列的位置，单击"视图"选项卡内"窗口"命令组的"拆分"命令。

2. 取消拆分

单击"视图"选项卡内窗口命令组的"取消拆分"命令。

3. 冻结窗口

冻结首行或首列：在"视图"选项下的"冻结窗格"中，选择"冻结首行"或"冻结首列"。

冻结某行列。例如，冻结 AB 列，1、2 行，则点击 C3 单元格，然后在"视图"选项下的"冻结窗格"中，"冻结拆分窗格"即可。

4. 取消冻结

单击"视图"选项卡内"窗口"命令组内的操作可取消冻结。

（七）设置工作表标签颜色

选定工作表，单击鼠标右键，在弹出的菜单中选择"工作表标签颜色"，可以设置工作表标签颜色。

五、单元格操作

工作表的基本单元是单元格，工作表的绝大多数操作是针对单元格的操作。

（一）选定单元格

选定单元格的方法如表 4-4 所示。

表 4-4　　　　　　　　　　　　　　　　选定单元格

选择	操作
一个单元格	单击该单元格或按箭头键，移至该单元格。
单元格区域	单击该区域中的第一个单元格，然后拖至最后一个单元格，或者在按住 Shift 键的同时按箭头键以扩展选定区域。
较大的单元格区域	单击该区域中的第一个单元格，然后在按住 Shift 键的同时单击该区域中的最后一个单元格。您可以使用滚动功能显示最后一个单元格。
工作表中的所有单元格	单击"全选"按钮。 要选择整个工作表，还可以按 Ctrl+A 键。
不相邻的单元格或单元格区域	选择第一个单元格或单元格区域，然后在按住 Ctrl 键的同时选择其他单元格或区域。
整行或整列	单击行标题或列标题。
相邻行或列	在行标题或列标题间拖动鼠标，或者选择第一行或第一列，然后在按住 Shift 键的同时选择最后一行或最后一列。
不相邻的行或列	单击选定区域中第一行的行标题或第一列的列标题，然后在按住 Ctrl 键的同时单击要添加到选定区域中的其他行的行标题或其他列的列标题。

（二）插入行、列与单元格

选择要在其上方插入新行的那些行或列，所选的行数应与要插入的行数相同，单击"开始"选项卡"单元格"命令组的"插入"命令，选择其下的"行""列""单元格"可进行行、列与单元格的插入。

（三）删除行、列与单元格

选择要删除的单元格、行或列。在"开始"选项卡上的"单元格"组中，单击"删除"旁边的箭头，然后执行下列操作之一。

删除所选的单元格：单击"删除单元格"。

删除所选的行：单击"删除工作表行"。

删除所选的列：单击"删除工作表列"。

（四）命名单元格

为了使工作表的结构更加清晰，可以为单元格命名。

（五）批注

批注是为单元格加注释。一个单元格添加了批注后，会在单元格的右上角出现一个三角标志，当鼠标指针指向这个标志时，显示批注信息。批注可以添加，也可以编辑/删除。

第二节　工作表格式化

Excel 为用户不仅提供了计算功能强大的工作表，而且提供了大量美化工作表的功能。可以利用"开始"选项卡内的命令组对表格字体、对齐方式和数据格式等进行设置，还可以完成工作表的格式化设置。

一、设置单元格格式

设置单元格的格式可选择"开始"选项卡的"数字"命令组，单击其右下的小按钮，在弹出的"设置单元格格式"对话框中进行。如图 4-9 所示。

（一）设置数字显示格式

使用"设置单元格格式"对话框中"数字"标签下的选项卡，可以改变数字（包括日期）在单元格中的显示形式。数字格式的分类主要有常规、数值、分数、日期和时间、货币、会计专用、百分比、科学记数、文本和自定义等。在默认情况下，数字格式是"常规"格式。

（二）设置对齐和字体方式

在"开始"选项卡上的"对齐方式"组中，可以执行下列一项或多项操作更改单元格内容的垂直对齐方式，顶端对齐、垂直居中、底端对齐。如图 4-10 所示。

图 4-9 "设置单元格格式"对话框——"数字"选项卡

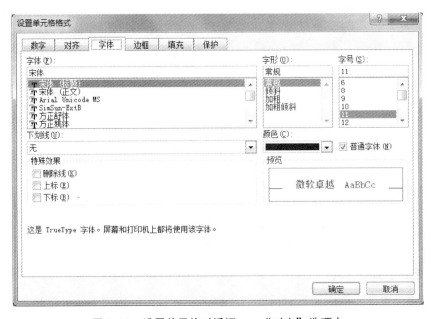

图 4-10 设置单元格对话框——"对齐"选项卡

（三）设置单元格边框

在工作表上，选择要为其添加边框、更改边框样式或删除其边框的单元格或单元格区域。在"开始"选项卡上的"字体"组中，执行下列操作，应用新的样式或其他边框样式，单击边框样式。若要应用自定义的边框样式或斜向边框，请单击"其他边框"。在"设置单元格格式"对话框的"边框"选项卡的"线条"和"颜色"下，单击所需的线条样式和颜色。如图 4-11 所示。

图 4-11　设置单元格对话框——"边框"选项卡

（四）设置单元格颜色

使用"设置单元格格式"对话框中"填充"标签下的选项卡，可以设置突出显示某些单元格或单元格区域，为这些单元格设置背景色和图案。如图 4-12 所示。

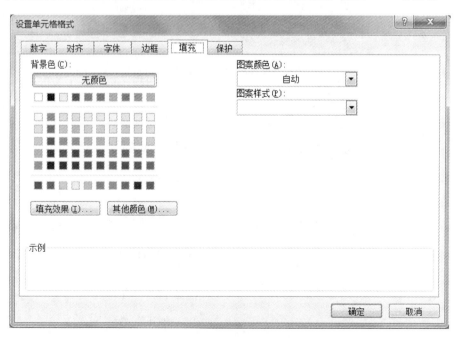

图 4-12　"设置单元格格式"对话框——"颜色"选项卡

二、设置列宽和行高

默认情况下，工作表的每个单元格具有相同的列宽和行高，但由于输入单元格的内容形式多样，用户可以自行设置列宽和行高。

（一）设置列宽

使用鼠标粗略设置列宽：鼠标指向列标之间变成双向箭头，拖动鼠标左键就可以调整列宽。

使用"列宽"命令精确设置列宽：选择"开始"选项卡内的"单元格"命令组的"格式"命令，选择"列宽"对话框可以精确设置列宽。

（二）设置行高

使用鼠标粗略设置行高：鼠标指向行号之间变成双向箭头，拖动鼠标左键就可以调整行高。

使用"行高"命令精确设置行高：选择"开始"选项卡内的"单元格"命令组的"格式"命令，选择"行高"对话框可以精确设置行高。

三、设置条件格式

在 Excel 的实际应用中，有时需要将工作表的某些数据设置一定条件，并将满足条件的单元格的数据显示出来。条件格式的设置是利用"开始"选项卡内的"样式"命令组的"条件格式"完成的。如图 4-13 所示。

图 4-13 "设置条件格式"对话框

四、使用样式

样式是单元格字体、字号、对齐、边框和图案等一个或多个设置特性的组合，将这样的组合加以命名和保存供用户使用。应用样式即应用样式名的所有格式设置。

样式包括内置样式和自定义样式。内置样式为 Excel 内部定义的样式，用户可以直接使用，包括常规、货币和百分数等；自定义样式是用户根据需要自定义的组合设置，需定义样式名。样式设置是利用"开始"选项卡内的"样式"命令组完成的。如图 4-14 所示。

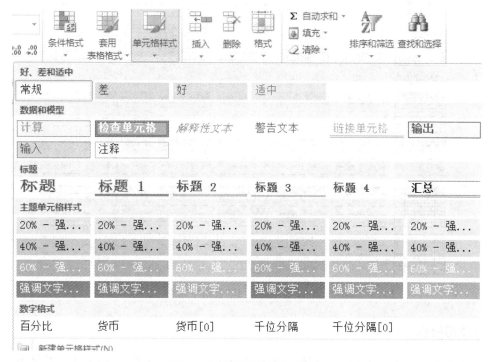

图 4-14　设置的单元格对话框

五、自动套用格式

自动套用格式是把 Excel 提供的显示格式自动套用到用户指定的单元格区域，主要有简单、古典、会计序列和三维效果等格式。自动套用格式是利用"开始"选项卡内的"样式"命令组完成的。如图 4-15 所示。

图 4-15　设置自动套用格式框

六、使用模板

模板是含有特定格式的工作簿，其工作表结构也已经设置。Excel 已经提供了一些模板，用户可以直接使用。

用户可以使用样本模板创建工作簿。其具体操作是：单击"文件"选项卡内的"新建"命令，在弹出的"新建"窗口中，单击"样本模版"，选择提供的模板建立工作簿文件。

第三节　公式与函数

一、公式概述

在 Excel 中，利用公式可以实现表格的自动计算。函数是预定义的公式，Excel 提供了数学、日期、查找、统计、财务等多种函数。

Excel 的公式以"="开头，"="后面可以由 5 种元素组成：函数、单元格引用、运算符、常量和括号（　）。例如：=sum（a2：a10）+average（b2：b10）×1 000。

（1）函数：函数是预先编写的公式，可以对一个或多个值执行运算，并返回一个或多个值。

（2）单元格引用：用于表示单元格在工作表上所处位置的坐标集。

（3）运算符：一个标记或符号，指定表达式内执行的计算的类型。有数学、比较、逻辑和引用运算符等。

（4）常量：不进行计算的值，因此也不会发生变化。例如，数字 210 以及文本"每季度收入"都是常量。

例如：=sum（a2：a10）+average（b2：b10）×1 000

二、输入公式

（一）公式的形式

公式的一般形式为：=<表达式>。

表达式可以是算术表达式、关系表达式和字符串表达式等，由运算符、常量、单元格地址、函数及括号等组成，但不能含有空格。公式中<表达式>前面必须有"="号。

（二）运算符

运算符是对公式中的元素进行特定类型的运算。常用的运算符有算术运算符、比较运算符和文本连接运算符三类。

算术运算符：+、-、*、/、%、^

比较运算符：=、>、<、>=、<=、<>

文本连接运算符：&

例如：A1 = "Excel "，B1 = "2003"，C1 = A1 & B1，那么 C1 的数据为 "Excel 2003"。

引用运算符：区域引用符（:）、联合引用符（,）。

例如，= SUM（A2：A20）表示计算 A2 至 A20 所有单元格的和；= SUM（A2，A5，A9）计算 A2、A5、A9 这 3 个单元格的和。

用运算符将常量、单元格地址、函数及括号等连接起来组成了表达式。

（三）公式的输入

公式的输入：Excel 的公式以"="开头，公式中所有的符号都是英文半角的符号。公式输入的操作方法如下：

（1）首先选定存放计算结果的单元格；然后用鼠标单击 Excel 编辑栏，按照公式的组成顺序依次输入各个部分。

（2）公式输入完毕后，按下 Enter 键即可。

（3）单元格中将显示计算的结果，而公式本身只能在编辑框中看到。

三、复制公式

为了完成快速计算，常常需要进行公式的复制。

（一）公式的复制

方法一：使用"复制"和"粘贴"命令。

方法二：使用拖动填充柄的方法。

在复制公式时，若公式中包含有单元格地址的引用，则在复制的过程中根据不同的情况使用不同的单元格引用。

（二）单元格地址的引用

在复制公式时，单元格地址的正确使用十分重要。Excel 中单元格的地址分为相对地址、绝对地址、混合地址三种。根据计算的要求，在公式中会出现绝对地址、相对地址和混合地址以及它们的混合使用。

1. 相对引用

相对引用是指在复制公式或移动公式时，公式中单元格地址引用相对目的单元格发生相对改变的地址。相对引用的格式是"列标行号"。例如：A1，B3，E2。

相对引用举例：将 F2 的公式复制到 G4 单元格。如图 4-16 所示。

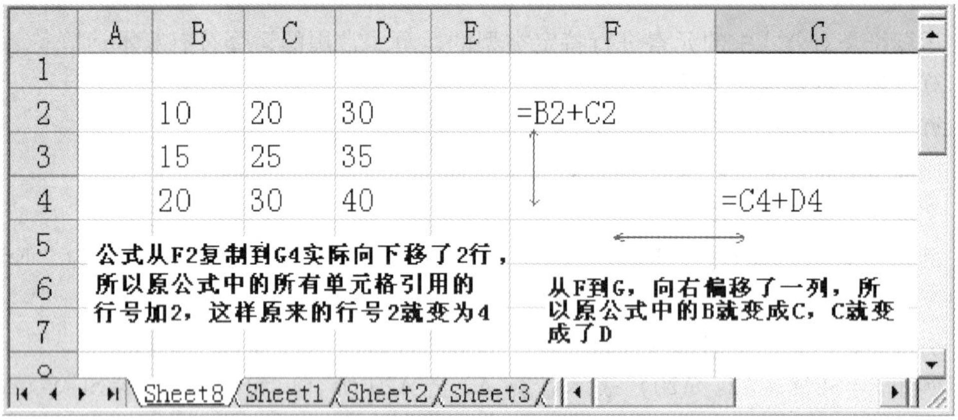

图 4-16 相对引用举例

2. 绝对引用

绝对引用是指在公式复制或移动时，公式中的单元格地址引用相对于目的单元格不发生改变的地址。绝对引用的格式是"＄列标＄行号"，例如：＄A＄1，＄B＄3，＄E＄2。绝对引用举例，如图 4-17 所示。

	E4	▼	fx	=C4*D4*(1-$D$2)	
	A	B	C	D	E
1			计算税后利息表		
2			利息税率	20%	
3	编号	类型	存款额(万元)	年利率	税后年利息
4	1	一年定期	10 000	2.79%	223.2
5	2	一年定期	20 000	2.79%	446.4
6	3	两年定期	20 000	3.33%	532.8
7	4	三年定期	25 000	3.96%	792
8	5	五年定期	30 000	4.41%	1 058.4

图 4-17 绝对引用举例

3. 混合引用

混合引用是指单元格的引用中，一部分是相对引用，另一部分是绝对引用。其格式为："$列标行号"或"列标$行号"。例如：A$1，$B1，$E2。混合引用举例，如图4-18所示。

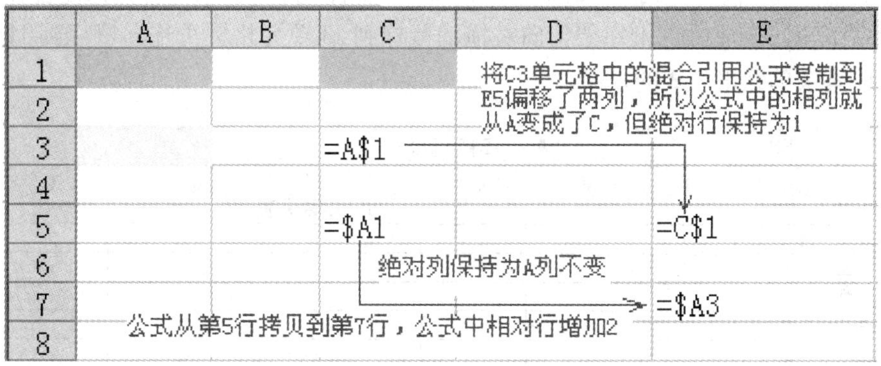

图 4-18 混合引用举例

单元格引用使用原则：如果参与计算的某个量固定取自某个单元格，该量一定要使用绝对引用；如果参与计算的某个量固定取自某一行或某一列，该量一定使用混合引用；其他则使用相对引用。

4. 三维单元格地址引用

如果要分析同一工作簿中多个工作表上相同单元格或单元格区域中的数据，使用三维引用。三维地址引用是在一个工作表中引用另一个工作表的单元格地址。引用方法如下："工作表标签名！单元格地址引用"。例如：Sheet1！A1，工资表！$B1，税率表！$E$2。

【例4-1】设计如图4-19所示的九九乘法表。

	A	B	C	D	E	F	G	H	I	J
1	九九乘法表									
2	乘积	1	2	3	4	5	6	7	8	9
3	1	1	2	3	4	5	6	7	8	9
4	2	2	4	6	8	10	12	14	16	18
5	3	3	6	9	12	15	18	21	24	27
6	4	4	8	12	16	20	24	28	32	36
7	5	5	10	15	20	25	30	35	40	45
8	6	6	12	18	24	30	36	42	48	54
9	7	7	14	21	28	35	42	49	56	63
10	8	8	16	24	32	40	48	56	64	72
11	9	9	18	27	36	45	54	63	72	81

图 4-19　九九乘法表

其操作步骤如下：

（1）创建新的工作簿。

（2）在 Sheet1 工作表上，选择 A1 到 J1 区域单元格，单击“开始 | 对齐方式 | 合并居中”按钮，将 A1：J1 这 10 个单元格合并为一个单元格 A1，在 A1 中输入“九九乘法表”。

（3）在 B2 中输入 1，将光标定位在 B2 单元格的右下角，变成黑色十字架，向右拖动鼠标，将 C2 到 J2 分别填充为 2 到 9。同理，在 A3 到 A11 中输入数据。

（4）在 B3 中输入公式“=B $ 2 * $ A3”，如图 4-20 所示。将光标定位在 B2 单元格的右下角，变成黑色十字架，向右拖动鼠标到 J3 单元格，再拖动鼠标到 J11 单元格，完成其余单元格公式的复制。

B3　fx　=B$2*$A3

	A	B	C	D	E	F	G	H
1	九九乘法表							
2	乘积	1	2	3	4	5	6	7
3	1	1						
4	2							
5	3							
6	4							

图 4-20　公式的输入

四、函数应用

Excel 提供了大量的函数，包括数学与三角函数、日期与时间函数、财务函数、统计函数、查找与引用函数、数据库函数、文本和数据函数、工程函数、逻辑函数和信息函数等，利用函数可以提运算速度。

（一）函数的格式

Excel 函数的基本格式：函数名（参数 1，参数 2，…，参数 n）。

函数名是每一个函数的唯一标识，它决定了函数的功能和用途。参数是一些可以变化的量，可以是数字、文本、逻辑值、单元格引用、名称，也可以是公式和函数。

例如：求平均函数。如图 4-21 所示。

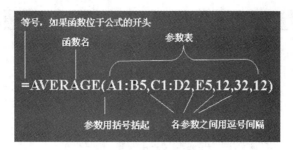

图 4-21　函数举例

（二）函数引用

若要在某个单元格输入公式"=AVERAGE（D1：D10）"，可以采用如下方法：

方法一：直接在单元格中输入公式"=AVERAGE（D1：D10）"。

方法二：利用"公式"选项卡下的"插入函数"命令。其方法如下：

（1）选定单元格，单击"公式"选项卡下的"插入函数"命令按钮，在"插入函数"对话框中选中函数"AVERAGE"，如图 4-22 所示。

图 4-22　"插入函数"对话框

单击"确定"，打开"函数参数"对话框，如图 4-23 所示。

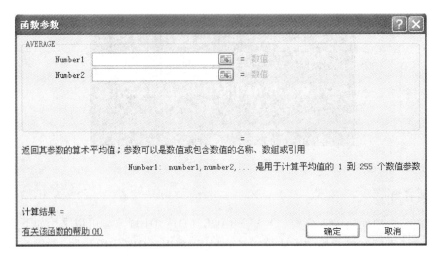

图 4-23　"函数参数"对话框

（2）可在"函数参数"对话框输入相关参数即可。

（3）嵌套函数。嵌套函数是指一个函数可以作为另一个函数的参数使用。如图4-24所示。

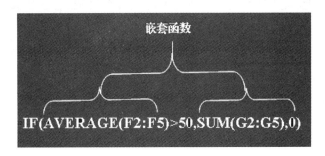

图 4-24　嵌套函数

（三）Excel 函数

函数是能够完成特定功能的程序。Excel 中提供了大量的已经定义好的函数，函数的类型如表4-5所示。

表 4-5　　　　　　　　　　　　　　　函数的类型

分类	功能简介
数据库函数	对数据清单中的数据进行分析、查找、计算等
日期与时间	对日期和时间进行计算、设置及格式化处理
工程函数	用于工程数据分析与处理
信息函数	对单元格或公式中数据类型进行判定
财务函数	进行财务分析及财务数据的计算
逻辑函数	进行逻辑判定、条件检查

表4-5（续）

分类	功能简介
统计函数	对工作表数据进行统计、分析
查找函数	查找特定的数据或引用公式中的特定信息
文本函数	对公式、单元格中的字符、文本进行格式化或运算
数学函数	进行数学计算等
外部函数	进行外部函数调用及数据库的链接查询等功能
自定义函数	用户用 vba 编写，用于完成特定功能的函数

常用的函数如表 4-6 所示。

表 4-6 主要函数

1. 常用函数	
函数格式	函数功能
SUM（参数 1，参数 2，…）	求和函数，求各参数的累加的和。
AVERAGE（参数 1，参数 2，…	算术平均值函数，求各参数的算术平均值。
MAX（参数 1，参数 2，…）	最大值函数，求各参数中的最大值。
MIN（参数 1，参数 2，…）	最小值函数，求各参数中的最小值。
ABS（参数）	绝对值函数，求参数的绝对值
ROUND（数值型参数，n）	返回对"数值型参数"进行四舍五入到第 n 位的近似值。
2. 统计函数	
函数格式	函数功能
COUNT（参数 1，参数 2，…）	求各参数中数值型数据的个数。
COUNTA（参数 1，参数 2，…）	求"非空"单元格的个数。
COUNTBLANK（参数 1，参数 2，…）	求"空"单元格的个数。
3. 条件函数	
IF（逻辑表达式，表达式 1，表达式 2）	若"逻辑表达式"值为真，函数值为"表达式 1"的值；否则为"表达式 2"的值。
COUNTIF（条件数据区，"条件"）	统计"条件数据区"中满足给定"条件"单元格的个数。
SUMIF（条件数据区，"条件"［求和数据区］）	统计满足"条件数据区"查找"条件"的数据的累加和。
4. 日期函数	
TODAY（ ）	当前日期
NOW（ ）	当前日期时间

表4-6（续）

YEAR（日期）	获得日期中的年份
MONTH（日期）	获得日期中的月份
DAY（日期）	获得日期中的天数
DATE（年，月，日）	设置的日期
Datedif（原来日期，现在日期，"y/m/d"）	日期判断，y/m/d 分别为年、月、日
WEEKDAY（日期，n）	获得日期是星期几，一般写为：weekday（日期，2）

（四）关于错误信息

在单元格输入或编辑公式后，有时会出现诸如"####!"或"#VALUE!"的错误提示信息。错误值，一般以"#"符号开头，出现错误值有以下几种原因，如表4-7所示。

表4-7　　　　　　　　　　　公式的使用中的错误信息表

错误值	错误原因
########	单元格宽度不够，或者它的日期、时间公式产生了一个负值。
#VALUE!	1. 在需要数字或逻辑值时输入了文本，Excel 不能将文本转换为正确的数据类型。2. 输入或编辑数组公式时，按了 Enter 键。3. 把单元格引用、公式或函数作为数组常量输入。
#DIV/O!	输入的公式中包含明显的除数为零（0）。
#NAME?	1. 公式中输入文本没有使用双引号，但这些文本又不是名字。2. 函数名拼写错误。3. 删除了公式中使用的名称。4. 名字拼写有错。
#N/A	1. 在调用函数时缺少参数。2. 在数组的参数的行数或列数与包含数组公式的区域的行数或列数不一致。3. 在没有排序的数据表中使用了 VLOOKUP、HLOOKUP 或 MATCH 工作表函数查找数值。
#REF!	删除了公式中所引用的单元或单元格区域。
#NUM!	1. 由公式产生的数字太大或太小，Excel 不能表示。2. 在需要数字参数的函数中使用了非数字参数。
#NULL!	在公式的两个区域中加入了空格从而求交叉区域，但实际上这两个区域无重叠区域。

【例4-2】使用公式完成如图4-25所示的工作表的计算。其中：产值=日产量×单价。产量所占比例=日产量/总产量，产值所占比例=产值/总产值。

	A	B	C	D	E	F
1	某企业日生产情况表					
2	产品型号	日产量(台)	单价（元）	产值（元）	产量所占比例	产值所占比例
3	TCM01	1 230	320			
4	TCM02	2 510	150			
5	TCM03	980	1 200			
6	TCM04	1 160	900			
7	TCM05	1 880	790			
8	TCM06	780	1 670			
9	TCM07	890	1 890			
10	TCM08	1 220	1 320			
11	TCM09	580	1 520			
12	TCM10	1 160	1 430			
13	总计					

图 4-25　"某企业日生产情况表"工作表

其操作步骤如下：

（1）在 D3 中输入公式 "＝B3×C3"，将光标定位到 D3 单元格的右下角，变成黑色十字架，向下拖动鼠标至 D1。

（2）在 B13 中输入公式 "＝SUM（B3：B12）"，将光标定位到 B13 单元格的右下角，变成黑色十字架，向右拖动鼠标至 F13。

（3）在 E3 中输入公式 "＝B3/＄B＄13"，将光标定位到 E3 单元格的右下角，变成黑色十字架，向下拖动鼠标至 E12。

（4）在 F3 中输入公式 "＝D3/＄D＄13"，将光标定位到 F3 单元格的右下角，变成黑色十字架，向下拖动鼠标至 F12。完成计算后的工作表如图 4-26 所示。

	A	B	C	D	E	F
1	某企业日生产情况表					
2	产品型号	日产量(台)	单价（元）	产值（元）	产量所占比例	产值所占比例
3	TCM01	1 230	320	393 600	9.927%	3.390%
4	TCM02	2 510	150	376 500	20.258%	3.243%
5	TCM03	980	1 200	1 176 000	7.910%	10.129%
6	TCM04	1 160	900	1 044 000	9.362%	8.992%
7	TCM05	1 880	790	1 485 200	15.174%	12.792%
8	TCM06	780	1 670	1 302 600	6.295%	11.219%
9	TCM07	890	1 890	1 682 100	7.183%	14.487%
10	TCM08	1 220	1 320	1 610 400	9.847%	13.870%
11	TCM09	580	1 520	881 600	4.681%	7.593%
12	TCM10	1 160	1 430	1 658 800	9.362%	14.287%
13	总计	12 390	11 190	11 610 800	100.000%	100.000%

图 4-26　"某企业日生产情况表"工作表计算结果

第四节 图表

一、图表的基本概念

(一) 图表类型

Excel 图表是数据的一种可视表示形式，它的图表功能并不逊色于一些专业的图表软件，它不但可以创建条形图、折线图、饼图这样的标准图形（大约 14 种类型），还可以生成较复杂的三维立体图表。Excel 提供了许多工具，用户运用它们可以修饰、美化图表，如设置图表标题，修改图表背景色，加入自定义符号，设置字体、字型等。图表的图形格式可以让用户更容易理解大量数据和不同数据系列之间的关系。

常用的图表类型有柱形图、条形图、饼图、面积图、XY 散点图、圆环图、股价图、曲面图、圆柱图、圆锥图和菱锥图等（每种图表类型的功用请查看图表向导）。

(二) 图表的构成

一个图表主要由以下几部分构成，如图 4-27 所示。

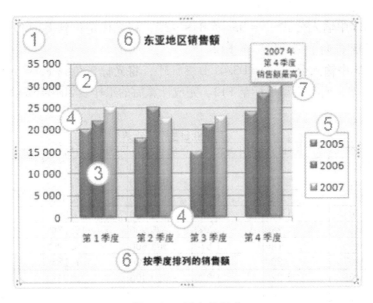

图 4-27　图表的组成

（1）图表区：整个图表及其全部元素。

（2）图表的绘图区：以坐标轴为界的区域。

（3）数据系列：一个数据系列对应工作表中选定区域的一行或一列数据。

（4）横纵坐标：以坐标轴为界的区域。

（5）图例：用于标识为图表中的数据系列或分类指定的图案或颜色。

（6）图表标题：图表标题是说明性的文本，可以自动与坐标轴对齐或在图表顶部居中。

（7）数据标签：为数据标记提供附加信息的标签，数据标签代表源于数据表单元格的单个数据点或值。

二、创建与编辑图表

（一）创建图表

创建图表主要利用"插入"选项卡下的"图表"命令组完成。选择插入图表的类型，如图 4-28 所示。

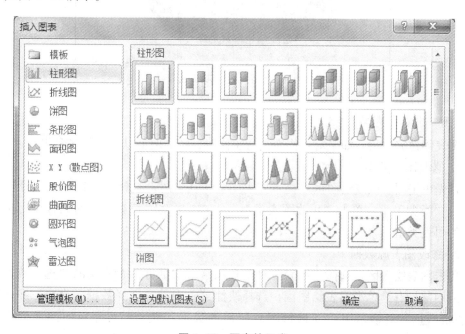

图 4-28　图表的组成

当生成图表后单击图表，功能区会出现"图表工具"选项卡 ，其下的"设计""布局""格式"选项卡可以完成图表图形颜色、图表位置、图表标题、图例位置、图表背景墙等的设计和布局以及颜色的填充等格式设计。

某学校教师的职称类别有教授、副教授、高级工程师、工程师、讲师、助理工程师和助教，已知各种职称的教师人数，用饼图来表示各种职称人数的比例。如图 4-29 所示。

某学校各种职称教师表						
教授	高级工程师	工程师	副教授	讲师	助教	助理工程师
58	45	87	125	320	241	93

图 4-29　图表的组成

围绕各类职称及其人数创建饼图。如图 4-30 所示。

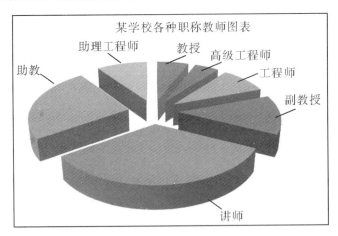

图 4-30　图表的组成

（二）编辑和修改图表

图表创建完成后，如果对工作表进行了修改，图表的信息也将随之变化。

1. 修改图表类型

首先单击图表区或绘图区以显示图表工具，在"图表工具"中选择"设计"选项卡上的"类型"组，单击"更改图表类型"，在"更改图表类型"对话框中，单击要使用的图表类型。

2. 修改图表源数据

单击图表绘图区，选择"图表工具"选项卡下"数据"命令组的"选择数据"命令，或用鼠标右键单击图表绘图区，选择快捷菜单中的"选择数据"命令，在弹出的"选择源数据"对话框中重新选择图表所需的数据区域，即可完成向图表中添加源数据。

3. 删除图表中的数据

删除图表中的数据时，只要删除工作表中的数据，图表将会自动更新。如果只从图表中删除数据，在图表上单击所要删除的图表系列，按 Delete 键即可完成。利用"选择源数据"对话框的"图例项（系列）"栏中的"删除"按钮也可以进行图表数据删除。

4. 修饰图表

利用"图表选项"对话框可以对图表的网格线、数据表、数据标志等进行编辑和设置，还可以对图表进行修饰。其方法是选中所需修饰的图表，利用"图表工具"选项卡下的"布局"和"格式"选项卡下的命令，可以完成对图表的修饰，包括设置图表的颜色、图案、线形、填充效果、边框、图片、图表中的图表区、绘图区、坐标轴、背景墙和基底等。

【例 4-3】根据如图 4-31 所示的"某电器产品系列上半年销售量统计表"数据创建图表。

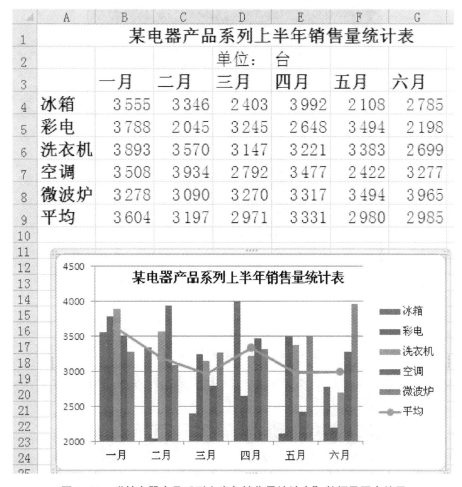

以下是表格中的数据：

	一月	二月	三月	四月	五月	六月
冰箱	3 555	3 346	2 403	3 992	2 108	2 785
彩电	3 788	2 045	3 245	2 648	3 494	2 198
洗衣机	3 893	3 570	3 147	3 221	3 383	2 699
空调	3 508	3 934	2 792	3 477	2 422	3 277
微波炉	3 278	3 090	3 270	3 317	3 494	3 965
平均	3 604	3 197	2 971	3 331	2 980	2 985

图4-31 "某电器产品系列上半年销售量统计表"数据及图表结果

其操作步骤如下：

（1）选择 A3：G9 区域，单击"插入｜柱形图｜二维柱形图｜簇形柱形图"。

（2）用鼠标右键单击图表上的纵坐标，在快捷菜单中选择"设置坐标轴格式"，在"设置坐标轴格式"对话框中，设置的"坐标轴选项"的"最小值"是 2 000，如图4-32所示。

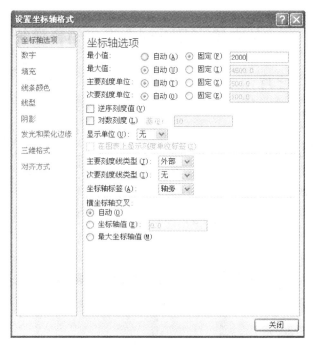

图 4-32 "设置坐标轴"对话框

（3）单击"图表工具 | 布局 | 图表标题 | 居中覆盖标题"，如图 4-33 所示，在图表上产生"图表标题"本文框，选定该文本框。

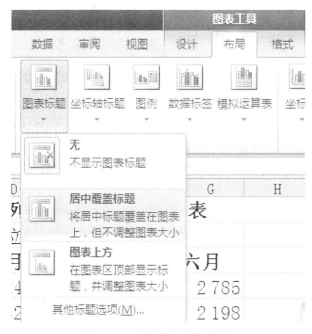

图 4-33 "图表标题"选项

（4）在公式栏中输入 = ，鼠标单击 A1 单元格，按下回车键，将表格的标题"某电器产品系列上半年销售量统计表"复制到图表标题中，如图 4-34 所示。

图表 2		fx	='例4-3'!$A$1:$H$1			
	A	B	C	D	E	F	G

	A	B	C	D	E	F	G
1		某电器产品系列上半年销售量统计表					
2		单位：台					
3		一月	二月	三月	四月	五月	六月
4	冰箱	3 555	3 346	2 403	3 992	2 108	2 785

图 4-34　"图表标题"的创建

（5）修改图表标题的文字字号为 5 号，拖动图表标题到合适的位置。

（6）用鼠标右键单击图表上的"平均"系列，在快捷菜单中选择"更改系列图表类型"，如图 4-35 所示。在"更改系列图表类型"对话框中，选择"折线图"中的"带数据标记的折线图"，如图 4-36 所示。

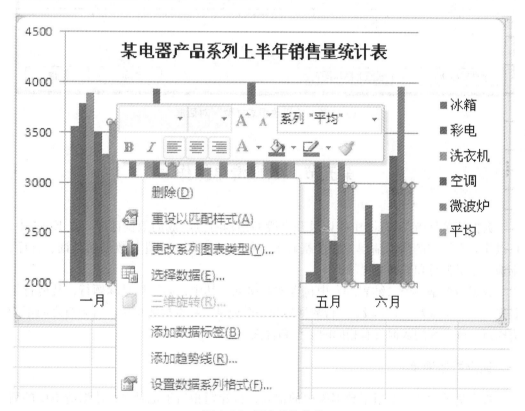

图 4-35　图表快捷菜单

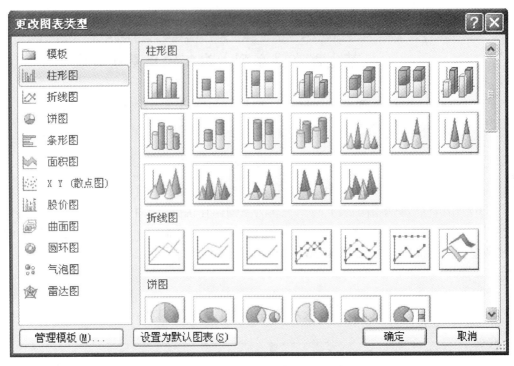

图 4-36　"更改图表类型"对话框

第五节　数据清单操作

数据清单是指在 Excel 中按记录和字段的结构特点组成的数据区域。在 Execl 中，可以建立有结构的数据清单，在此基础上，可以更加有效地进行数据的查询、排序、筛选、分类汇总和数据透视等操作。

数据清单是一个二维表。表中包含多行多列。其中，第一行是标题行，其他行是数据行。一列称为一个字段，一行数据称为一个记录。在数据清单中，行和行之间不能有空行，同一列的数据具有相同的类型和含义。

一、建立数据清单

数据清单中的行相当于数据库中的记录，行标题相当于记录名；数据清单中的列相当于数据库中的字段，列标题相当于字段名，如图 4-37 所示。

	A	B	C	D	E	F
1			某产品销售数据清单			
2	序号	时间	分公司	产品名称	销售人员	销售数量
3	1	三月	天津	产品三	赵敏	99
4	2	一月	天津	产品一	钱棋	74
5	3	三月	南京	产品二	王红	64
6	4	二月	天津	产品四	张明	53
7	5	三月	天津	产品二	刘利	59
8	6	二月	南京	产品四	孙科	99
9	7	一月	北京	产品一	李萧	90
10	8	二月	南京	产品三	罗娟	56
11	9	二月	北京	产品四	李思	98
12	10	一月	北京	产品一	张珊	87
13	11	三月	北京	产品三	王武	97
14	12	一月	南京	产品二	赵柳	100

图 4-37　"数据清单"示例

二、数据排序

数据按照某一特定的方式排列顺序：升序、降序。分类：简单排序和多重条件排序。

排序的规则：数字排序规则，按照数字的大小排列；文本排序规则，按照字符或汉字的拼音字母顺序排列；日期排序规则，按照年月日的顺序排列。

（一）简单排序

简单排序是指排序的条件是数据清单的某一列。

其操作方法如下：光标定位在要排序列的某个单元格上，单击利用"数据"选项卡下的升序按钮 $\overset{A}{Z}\downarrow$ 降序按钮 $\overset{Z}{A}\downarrow$。可以对光标所在的列进行排序。例如：按销售数量升序排序，如图 4-38 所示。

（二）自定义排序

可以指定多个排序条件，即多个排序的关键字。例如：为主关键字按分公司升序排序；次关键字按销售数量降序排序。

其操作方方法如下：利用"数据"选项卡下的"排序与筛选"命令组的"排序"命令，打开"排序"对话框。如图 4-39 所示。

	A	B	C	D	E	F
1			某产品销售数据清单			
2	序号	时间	分公司	产品名称	销售人员	销售数量
3	4	二月	天津	产品四	张明	53
4	8	二月	南京	产品三	罗娟	56
5	5	三月	天津	产品二	刘利	59
6	3	三月	南京	产品二	王红	64
7	2	一月	天津	产品一	钱棋	74
8	10	一月	北京	产品一	张珊	87
9	7	一月	北京	产品一	李萧	90
10	11	三月	北京	产品三	王武	97
11	9	二月	北京	产品四	李思	98
12	6	二月	南京	产品四	孙科	99
13	1	三月	天津	产品三	赵敏	99
14	12	一月	南京	产品二	赵柳	100

图 4-38　按销售数量升序排序

图 4-39　"排序"对话框

三、数据筛选

数据筛选就是将数据表中所有不满足条件的记录行暂时隐藏起来，只显示那些满足条件的数据行，Excel 的数据筛选方式分为自动筛选和高级筛选。

（一）自动筛选

自动筛选可以利用列标题的下拉列表框，也可以利用"自定义自动筛选方式"对话框进行。如图 4-40 所示。

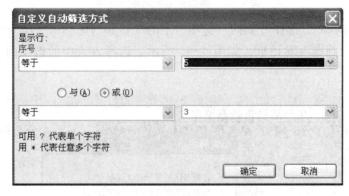

图 4-40 自动筛选

筛选条件只涉及一个字段内容的为单字段条件筛选；筛选条件涉及多个字段内容的为多字段条件筛选，可以采用执行多次自动筛选的方式完成。如图 4-41 所示。

其操作步骤如下：选择数据清单列标题的下拉列表，选择"数字筛选"或"文本筛选"的"自定义筛选"。

图 4-41 "自定义自动筛选方式"对话框

（二）高级筛选

Excel 提供高级筛选方式，主要用于多字段条件的筛选。高级筛选时必须先建立一个条件区域，用来编辑筛选条件。条件区域的第一行是所有作为筛选条件的字段名，这些字段名必须与数据清单中的字段名完全一样。条件区域的其他行输入筛选条件。

进行高级筛选时，同一行列出的条件是"与"的关系，不同行列出的条件是"或"的关系。如图 4-42 所示。

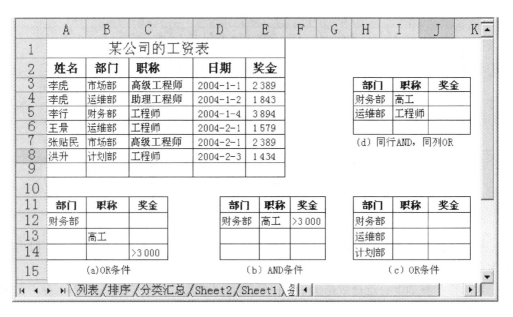

图 4-42　高级筛选时的条件关系

进行高级筛选时，选择"数据"选项卡下的"排序与筛选命令组"的"高级"命令，弹出"高级筛选"对话框，如图 4-43 所示。选择方式中的选项内容，完成高级筛选。

图 4-43　"高级筛选"对话框

（三）撤销筛选

对数据清单进行筛选后，为了显示所有的数据记录，需要撤销筛选。其操作方法是：选择"数据"选项卡下的"排序与筛选"命令组的"清除"或者选择"全选"即可取消筛选，恢复所有数据。

四、数据分类汇总

分类汇总是对数据内容进行分析的一种方法。Excel 就是对工作表中指定的行或列中的数据进行汇总统计。它通过折叠或展开原工作表中的行、列数据及汇总结果，从汇总和明细两种角度显示数据，可以快捷地创建各种汇总报告。

分类汇总能够完成分组数据上不同的计算，如求和、统计个数、求平均数、求最大（最小值）等。分类汇总只能对数据清单进行，数据清单的第一行必须有列标题。在进行分类汇总前，必须根据分类汇总的数据类对数据清单进行排序。

（一）创建分类汇总

利用"数据"选项卡下的"分级显示"命令组的"分类汇总"命令可以创建分类汇总。如图 4-44 所示。

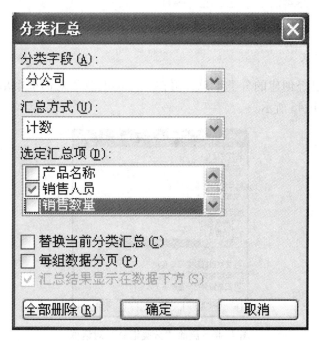

图 4-44 "分类汇总"对话框

（二）查看分类汇总

在显示分类汇总数据的时候，分类汇总数据左侧自动显示一些级别按钮。如图 4-45所示。

	A	B	C	D	E	F
1			某产品销售数据清单			
2	序号	时间	分公司	产品名称	销售人员	销售数量
3	7	一月	北京	产品一	李萧	90
4	9	二月	北京	产品四	李思	98
5	10	一月	北京	产品一	张珊	87
6	11	三月	北京	产品三	王武	97
7			北京 计数		4	
8			北京 汇总			372
13			南京 计数		4	
14			南京 汇总			319
19			天津 计数		4	
20			天津 汇总			285
21			总计数		12	
22			总计			976

图 4-45　显示"分类汇总"对话框

（三）删除分类汇总

如果要删除已经创建的分类汇总，可在"分类汇总"对话框中单击"全部删除"按钮即可。如图 4-46 所示。

图 4-46　删除"分类汇总"对话框

（四）隐藏分类汇总数据

为方便查看数据，可以将分类汇总后暂时不需要的数据隐藏起来，当需要查看时再显示出来。单击工作表左边列表树的"-"号可以隐藏该部门的数据记录，只留下该部门的汇总信息，此时，"-"号变成"+"号；单击"+"号时，数据记录信息显示出来。如图 4-45 所示。

【例 4-4】对如图 4-47 所示的表格进行分类汇总，按照"分公司"分类，统计"销售数量"和"销售额"的求和。

	A	B	C	D	E	F	G
1	季度	分公司	产品类别	产品名称	销售数量	销售额（万元）	
2	1	西部2	K-1	空调	89	12.28	
3	1	南部3	D-2	电冰箱	89	20.83	
4	1	北部2	K-1	空调	89	12.28	
5	1	东部3	D-2	电冰箱	86	20.12	
6	1	北部1	D-1	电视	86	38.36	
7	3	南部2	K-1	空调	86	30.44	
8	3	西部2	K-1	空调	84	11.59	
9	2	东部2	K-1	空调	79	27.97	
10	3	西部1	D-1	电视	78	34.79	
11	3	南部3	D-2	电冰箱	75	17.55	
12	2	北部1	D-1	电视	73	32.56	
13	2	西部3	D-2	电冰箱	69	22.15	
14	1	东部1	D-1	电视	67	18.43	
15	3	东部1	D-1	电视	66	18.15	
16	2	东部2	D-2	电视	65	15.21	
17	1	南部2		电视	64	17.60	
18	3	北部1	D-1	电视	64	28.54	
19	2	南部2	K-1	空调	63	22.30	
20	1	西部3	D-2	电冰箱	58	18.62	
21	3	西部3	D-2	电冰箱	57	18.30	
22	2	东部1	D-1	电视	56	15.40	
23	2	西部1	K-1	空调	56	7.73	
24	1	南部1	K-1	空调	54	19.12	
25	3	北部3	D-2	电冰箱	54	17.33	
26	3	北部1	K-1	空调	53	7.31	
27	2	北部3	D-2	电冰箱	48	15.41	
28	3	南部1	D-1	电视	46	12.65	
29	2	南部3	D-2	电冰箱	45	10.53	
30	3	东部3	K-1	空调	45	15.93	

图 4-47　例 4-4 数据

（1）将光标定位到分公司这一列，单击"开始｜编辑｜排序和筛选｜升序"，将表格数据按照"分公司"升序排序。

（2）单击"数据｜分类汇总"，在"分类汇总"对话框中，设置"分类字段"为"分公司""汇总方式"为"求和"，选定"选定汇总项"为"销售数量"和"销售额"，如图 4-48 所示。

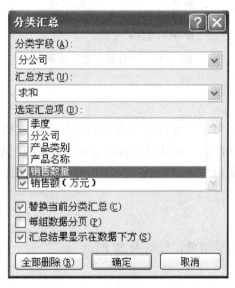

图 4-48　"分类汇总"对话框

（3）点击"确定"后，显示分类汇总的结果数据。如图 4-49 所示。

1 2 3		A	B	C	D	E	F
	1	季度	分公司	产品类别	产品名称	销售数量	销售额（
	2	1	北部1	D-1	电视	86	38.36
	3	2	北部1	D-1	电视	73	32.56
	4	3	北部1	D-1	电视	64	28.54
	5		**北部1 汇总**			223	99.46
	6	1	北部2	K-1	空调	89	12.28
	7	3	北部2	K-1	空调	53	7.31
	8		**北部2 汇总**			142	19.60
	9	3	北部3	D-2	电冰箱	54	17.33
	10	2	北部3	D-2	电冰箱	48	15.41
	11		**北部3 汇总**			102	32.74
	12	1	东部1	D-1	电视	67	18.43
	13	3	东部1	D-1	电视	66	18.15
	14	2	东部1	D-1	电视	56	15.40
	15		**东部1 汇总**			189	51.98
	16	2	东部2	K-1	空调	79	27.97
	17	3	东部2	K-1	空调	45	15.93
	18		**东部2 汇总**			124	43.90
	19	1	东部3	D-2	电冰箱	86	20.12
	20	2	东部3	D-2	电冰箱	65	15.21
	21		**东部3 汇总**			151	35.33
	22	1	南部1	D-1	电视	64	17.60
	23	3	南部1	D-1	电视	46	12.65
	24		**南部1 汇总**			110	30.25
	25	3	南部2	K-1	空调	86	30.44
	26	2	南部2	K-1	空调	63	22.30
	27	1	南部2	K-1	空调	54	19.12
	28		**南部2 汇总**			203	71.86
	29	1	南部3	D-2	电冰箱	89	20.83
	30	3	南部3	D-2	电冰箱	75	17.55
	31	2	南部3	D-2	电冰箱	45	10.53
	32		**南部3 汇总**			209	48.91

图 4-49 "分类汇总"结果

五、建立数据透视表

数据透视表是交互式报表，可以快速合并和比较大量数据。我们可以修改其行和列，来看到源数据的不同汇总，而且可以显示感兴趣区域的明细数据。

数据透视功能能通过重新组合表格数据并添加算法，能快速提取与管理目标相应的数据信息，进行深入分析。

（一）建立数据透视表

建立数据透视表的数据清单，如图 4-50 所示。

	A	B	C	D	E	F
1	某产品销售数据清单					
2	序号	时间	分公司	产品名称	销售人员	销售数量
3	1	三月	成都	产品三	李敏	99
4	2	一月	上海	产品一	周晓	74
5	3	三月	南京	产品二	郑红	64
6	4	二月	成都	产品四	肖明	88
7	5	三月	上海	产品二	李莉	59
8	6	二月	南京	产品四	孙铭	99
9	7	一月	北京	产品一	李红	90
10	8	二月	南京	产品三	罗丽	56
11	9	二月	成都	产品四	陈思	98
12	10	一月	北京	产品一	张一	87
13	11	三月	北京	产品三	王平	97
14	12	一月	南京	产品二	刘柳	100

图 4-50　建立数据透视表的数据清单

（1）利用"插入"选项卡下"表格"命令组的命令，打开"创建数据透视表"对话框，如图 4-51 所示。

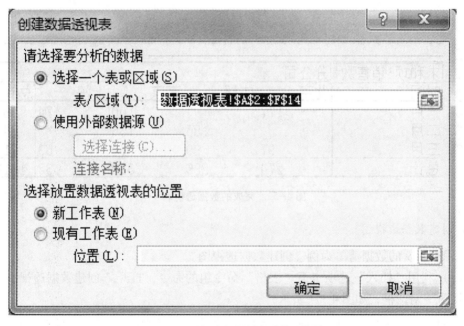

图 4-51　"创建数据透视表"对话框

（2）在"创建数据透视表"对话框中，点击确定，按照对话框的内容建立一个新的工作表。在"数据透视表字段列表"对话框中，选定数据透视表的列表标签、行标签以及要汇总字段选项。如图 4-52 所示。

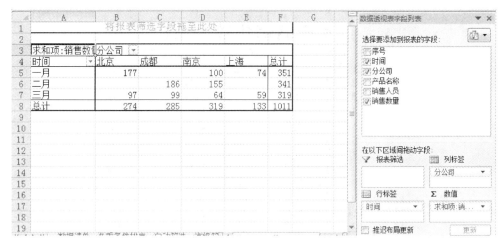

图 4-52　"数据透视表字段列表"对话框

（4）数据透视表从工作表的数据清单中提取信息，进行重新布局和分类汇总，立即计算出结果。如图 4-53 所示。

1	将报表筛选字段拖至此处					
2						
3	求和项:销售数量	分公司 ▽				
4	时间 ▽	北京	成都	南京	上海	总计
5	一月	177		100	74	351
6	二月		186	155		341
7	三月	97	99	64	59	319
8	总计	274	285	319	133	1011

图 4-53　完成的数据透视表

（二）创建数据透视图

以图 4-49 的数据清单为例，创建数据透视图。

（1）利用"插入"选项卡下"表格"命令组的命令，打开"创建数据透视表及数据透视图"对话框，如图 4-54 所示。

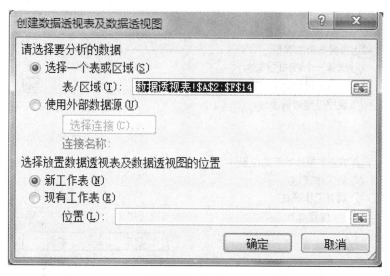

图 4-54　"创建数据透视表及数据透视图"对话框

（2）在"创建数据透视表及数据透视图"对话框中，按照对话框的内容建立一个新的工作表，在"数据透视表字段列表"对话框中，选定数据透视图的列表标签、行标签以及要汇总字段选项，生成数据透视图。如图 4-55 所示。

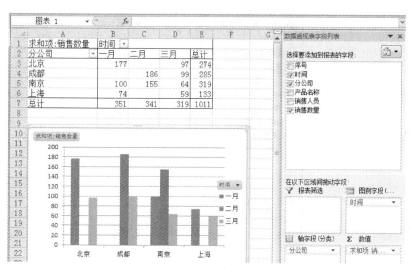

图 4-55　生成数据透视图表

【例 4-5】根据图 4-47 创建数据透视表。设行为分公司，列为产品名，并对销售金额汇总。

其操作步骤如下：

（1）将光标定位在表格的数据区域，单击"插入 | 数据透视表 | 数据透视表"，打开"创建数据透视表"对话框，单击"确定"按钮，如图 4-56 所示。

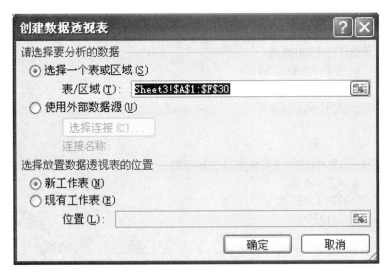

图 4-56　"创建数据透视表"对话框

（2）在"数据透视表字段列表"中，将"分公司"拖动到"行标签"列表框中，将"产品名称"拖动到"列标签"列表框中，将"销售额"拖动到"数值"列表框，如图 4-57 所示。

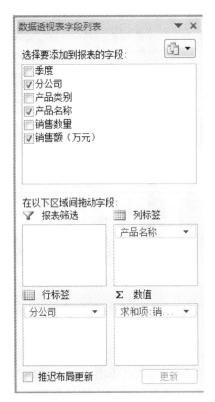

图 4-57　"数据透视表字段列表"对话框

（3）点击"确定"后，生成数据透视表。如图 4-58 所示。

求和项:销售额（万元）	列标签			
行标签	电冰箱	电视	空调	总计
北部1		99.458		99.458
北部2			19.596	19.596
北部3	32.742			32.742
东部1		51.975		51.975
东部2			43.896	43.896
东部3	35.334			35.334
南部1		30.25		30.25
南部2			71.862	71.862
南部3	48.906			48.906
西部1		34.788		34.788
西部2			31.602	31.602
西部3	59.064			59.064
总计	176.046	216.471	166.956	559.473

图 4-58　生成的数据透视表

第六节　Excel 操作题

1. 现有“某冰箱销售集团销售情况表”工作表，如图 4-59 所示。合并 Al：Dl 单元格区域，内容水平居中；利用条件格式将销售量大于或等于 300 万元的单元格字体设置为红色文本；将 A2：D11 单元格区域套用表格格式，设置为“表样式浅色 2”，将工作表命名为“销售情况表”。

	A	B	C	D
1	某冰箱销售集团销售情况表			
2	分公司	销售金额（万元）	所占比例	销售量排名
3	第一分公司	230		
4	第二分公司	310		
5	第三分公司	210		
6	第四分公司	450		
7	第五分公司	500		
8	第六分公司	315		
9	第七分公司	368		
10	第八分公司	456		
11	合计			

图 4-59　工作表

2. 对习题 l 中所给的工作表进行计算，计算销售量的总计，置 B11 单元格；计算“所占比例”列的内容（百分比型，保留小数点后两位），置 C3：C10 单元格区域；计算各分店的销售排名（利用 RANK 函数），置 D3：D10 单元格区域；设置 A2：D11 单元格内容水平对齐方式为“居中”。

3. 为习题 2 所完成的工作表建立图表，选取“分公司”列（A2：A10 单元格区域）和“所占比例”列（C2：C10 单元格区域）建立“分离型三维饼图”，图标题为

"销售情况统计图"，图例位置为底部，将图插入到工作表的 A14：D24 单元格区域内。

4. 现有"某公司职员绩效考核情况"数据清单，如图 4-60 所示。按主要关键字"部门"的递增次序和次要关键字"总成绩"的递减次序进行排序，再对排序后的数据清单内容进行分类汇总，计算各"部门"的"总成绩"的平均值（分类字段为"部门"，汇总方式为"平均值"，汇总项为"总成绩"），汇总结果显示在数据下方。

	A	B	C	D	E	F	G	H	I
1	员工编号	部门	职务	姓名	一季度	二季度	三季度	四季度	总成绩
2	30501010	人事部	人事部总监	钟丽珍	92	93	98	97	380
3	30501011	技术部	项目负责人	李晓东	99	86	80	82	347
4	30501012	市场部	经理	张新民	98	81	99	82	360
5	30501013	技术部	程序员	毛志远	98	87	85	90	360
6	30551011	市场部	经理	马鸿涛	96	94	99	92	381
7	30551012	市场部	销售人员	许婷	92	89	89	97	367
8	30551013	技术部	程序员	李启勋	88	86	86	98	358
9	30551014	财务部	财务总监	曲艳丽	94	82	99	81	356
10	30601523	人事部	人事专员	杨成林	89	96	83	81	349
11	30601524	财务部	会计	孙少民	86	85	93	87	351
12	30601525	人事部	招聘人员	林勇	90	94	90	90	364
13	30610101	技术部	项目负责人	王小兵	90	93	84	83	350
14	30610102	人事部	人事专员	张志宏	95	90	90	98	373
15	30610103	财务部	出纳	黄高原	83	87	88	83	341
16	30621001	技术部	程序员	李力	81	81	96	85	343
17	30621002	市场部	销售人员	刘英	83	88	97	91	359
18	30621003	人事部	人事专员	吴梅	98	95	96	99	388

图 4-60　汇总结果显示

5. 按习题 4 所给数据清单完成以下操作：①进行筛选，条件为"部门为人事部或技术部"；②在工作表内建立数据透视表，显示各部门各职务总成绩的平均值，设置数据透视表内数字为数值型，保留小数点后两位。

6. 针对一季度销售情况表（如图 4-61 所示），完成如下操作：①合并 A1：F1 单元格区域为一个单元格，内容水平居中，计算"平均业绩"列的内容（保留小数点后两位）；计算各月和平均业绩的最高分和最低分，分别置 B11：E11 和 B12：E12 单元格区域（保留小数点后两位）；利用条件格式，将"平均业绩"列成绩小于或等于 85 分的字体颜色设置为红色；利用表格套用格式将 A2：E12 单元格区域设置为"表样式浅色 5"；将工作表命名为"一季度销售情况"。②对工作表"一季度销售情况"内数据清单的内容按主要关键字"平均业绩"的递减次序和次要关键字"职工号"的递减次序进行排序。

	A	B	C	D	E	F
1	一季度销售情况					
2	职工号	一月	二月	三月	四月	平均业绩
3	A001	99	84	85	80	
4	A002	95	85	87	83	
5	A003	99	77	83	86	
6	A004	91	73	76	86	
7	A005	88	73	76	74	
8	A006	83	83	89	90	
9	A007	72	72	93	85	
10	A008	74	82	91	71	
11	最高分					
12	最低分					

图 4-61 一季度销售情况表

7. 选取上题"一季度销售情况表"的"职工号"列（A2：A10 单元格区域）和"平均业绩"列（E2：E10 单元格区域）的内容建立"簇状条形图"，图标题为"一季度销售情况图"，清除图例；设置图表绘图区格式图案区域填充为"浅色横线"，将图插入到表 A16：G30 单元格区域。

第五章 PowerPoint 2010 的使用

【学习重点】

本章紧扣考试大纲要求，介绍 PowerPoint 2010 的基本操作和使用方法。本章共使用 6 个学时，学习掌握以下知识点：

1. 中文 PowerPoint 的功能、运行环境、启动和退出。
2. 演示文稿的创建、打开、关闭和保存。
3. 幻灯片的版式、插入、移动、复制、删除基本操作。
4. 幻灯片中文本、图片、艺术字、形状、表格等插入及格式化。
5. 演示文稿的动画设计、放映方式、切换效果及放映设计。

第一节 PowerPoint 基础

一、启动和退出 PowerPoint

（一）启动 PowerPoint

启动 PowerPoint 的方式有两种：

方式一：打开"开始"菜单—"所有程序"—"Microsoft Office"—"Microsoft PowerPoint 2010"命令。

方式二：双击桌面上的 PowerPoint 程序图标。

（二）退出 PowerPoint

退出 PowerPoint 的方式有三种：

方式一：双击窗口快速访问工具栏左端的控制菜单图标。

方式二：单击"文件"选项卡中的"退出"命令。

方式三：按下组合键 Alt+F4。

二、PowerPoint 窗口

PowerPoint 窗口如图 5-1 所示。

图 5-1　PowerPoint 窗口

第二节　创建演示文稿

一、创建演示文稿的操作

（一）新建空白演示文稿

在 PowerPoint 2010 中，单击"文件"选项卡，然后单击"新建"。单击"空白演示文稿"，然后单击"创建"。

（二）打开演示文稿

（1）单击"文件"选项卡，然后单击"打开"。

（2）选择所需的文件，然后单击"打开"。

说明：在默认情况下，PowerPoint 2010 在"打开"对话框中仅显示 PowerPoint 演示文稿。若要查看其他文件类型，则单击"所有 PowerPoint 演示文稿"，然后选择要查看的文件类型。

（三）保存演示文稿

（1）单击"文件"选项卡，单击"另存为"。

（2）在"另存为"对话框的左侧窗格中，单击要保存演示文稿的文件夹或其他位置。

（3）在"文件名"框中，键入演示文稿的名称，然后单击"保存"。

（四）关闭演示文稿

（1）单击"文件"—"文件"—"关闭"。

（2）单击 PowerPoint 窗口右上角的"关闭"按钮。

二、幻灯片的操作

（一）插入新幻灯片

在"开始"选项卡的"幻灯片"组中，单击"新建幻灯片"下的箭头，然后单击所需的幻灯片布局。新幻灯片现在同时显示在"幻灯片"选项卡的左侧和"幻灯片"窗格的右侧。如图 5-2 所示。

图 5-2　新建幻灯片窗口

（二）删除幻灯片

在普通视图中包含"大纲"和"幻灯片"选项卡的窗格上，单击"幻灯片"选项卡，用鼠标右键单击要删除的幻灯片，然后单击"删除幻灯片"。

（三）复制幻灯片

在普通视图中包含"大纲"和"幻灯片"选项卡的窗格上，单击"幻灯片"选项卡，用鼠标右键单击要复制的幻灯片，然后单击"复制"。在"幻灯片"选项卡上，用鼠标右键单击要添加幻灯片的新副本的位置，然后单击"粘贴"。

（四）重新排列幻灯片的顺序

在普通视图中包含"大纲"和"幻灯片"选项卡的窗格上，单击"幻灯片"选项卡，再单击要移动的幻灯片，然后将其拖动到所需的位置。

　　要选择多个幻灯片，则单击某个要移动的幻灯片，然后按住 Ctrl 键并单击要移动的其他每个幻灯片。

（五）播放幻灯片

　　（1）在"幻灯片放映"视图中从第一张幻灯片开始查看演示文稿：在"幻灯片放映"选项卡上的"开始放映幻灯片"组中，单击"从头开始"。

　　（2）在"幻灯片放映"视图中从当前幻灯片开始查看演示文稿：在"幻灯片放映"选项卡上的"开始放映幻灯片"组中，单击"从当前幻灯片开始"。

（六）打印幻灯片

　　（1）打印演示文稿中的幻灯片：单击"文件"选项卡，然后单击"打印"。

　　在"打印内容"下，执行下列操作之一：

　　①打印所有幻灯片，单击"全部"。

　　②仅打印当前显示的幻灯片，单击"当前幻灯片"。

　　③按编号打印特定幻灯片，单击"幻灯片的自定义范围"，然后输入各幻灯片的列表或范围。例如，1，3，5-12。

　　（2）在"其他设置"下，单击"颜色"列表，然后选择所需设置。

　　（3）选择完成后，再单击"打印"。

　　【例5-1】创建一个幻灯片，幻灯片包含三页幻灯片，幻灯片另存为"产品介绍. pptx"。

　　其操作步骤如下：

　　（1）启动 PowerPoint，新建一个幻灯片文件。

　　（2）在"幻灯片"选项卡中，单击右键，在快捷菜单中选择"新建幻灯片"，插入一张新的幻灯片。同理，插入第三张幻灯片。

　　（3）单击"文件"的"另存为"，在"另存为"对话框中，输入文件名"产品介绍. pptx"。

三、编辑幻灯片

（一）添加文本

　　（1）将文本添加到占位符中。

　　在占位符中单击，然后键入或粘贴文本。

　　（2）将文本添加到文本框中。

　　①在"插入"选项卡上的"文本"组中，单击"文本框"。

　　②单击幻灯片，然后拖动指针以绘制文本框。

　　③在"普通"视图中，在该文本框内部单击，然后键入或粘贴文本。

　　（3）使用项目符号或编号。

　　可以使用项目符号或编号来演示大量文本或顺序流程。

①在"视图"选项卡上的"演示文稿视图"组中，单击"普通"。

②在 PowerPoint 窗口左侧的包含"大纲"和"幻灯片"选项卡的窗格中，单击"幻灯片"选项卡，然后单击要添加项目符号文本或编号文本的幻灯片缩略图。

③在幻灯片上要添加项目项目符号或编号的文本占位符，选择文本行。

④在"开始"选项卡的"段落"组中，单击"项目符号" ⠿ 或"编号" ⠿ 。

（4）更改缩进或文本与点之间的间距。

①要在列表中创建缩进列表，将光标放在要缩进的行的开头，然后在"开始"选项卡上的"段落"组中单击"提高列表级别"。

②要将文本还原到列表中缩进较少的级别，将光标放在该行的开头，然后在"开始"选项卡上的"段落"组中单击"降低列表级别"。如图 5-3 所示。

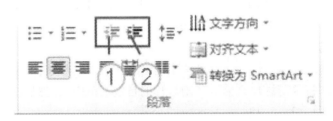

图 5-3 "段落"组

注：1 降低列表级别（缩进）　　2 提高列表级别（缩进）

③要增大或减小一行中项目符号或编号与文本之间的间距，则将光标放在文本行的开头。要查看标尺，在"视图"选项卡上的"显示"组中，单击"标尺"复选框。在标尺上，单击悬挂缩进，然后拖动以调整文本与项目符号或编号之间的间距。

（二）添加和删除形状

（1）添加形状。

①在"开始"选项卡上的"绘图"组中，单击"形状"。

②单击所需形状，接着单击幻灯片上的任意位置，然后拖动以放置形状。

说明：若要创建规范的正方形或圆形（或限制其他形状的尺寸），则在拖动的同时按住 Shift 键。

③向形状添加文字：单击要向其中添加文字的形状，然后键入文字。

（2）删除形状。

①单击要删除的形状，然后按 Del 键。

②若要删除多个形状，在按住 Ctrl 键的同时单击要删除的形状，然后按 Del 键。

（三）插入艺术字

（1）插入艺术字。

①在"插入"选项卡上的"文字"组中，单击"艺术字"，然后单击所需艺术字样式。

②输入艺术字的文字。

（2）删除艺术字。

①选定要删除其艺术字样式的艺术字。

②在"绘图工具"下，在"格式"选项卡上的"艺术字样式"组中，单击"其他"按钮，然后单击"清除艺术字"。

（四）插入表格

（1）选择要向其添加表格的幻灯片。

（2）在"插入"选项卡上的"表格"组中，单击"表格"。在"插入表格"对话框中，执行下列操作之一。

①单击并移动指针以选择所需的行数和列数，然后释放鼠标按钮。

②单击"插入表格"，然后在"列数"和"行数"列表中输入数字。

③要向表格单元格添加文字，则单击某个单元格，然后输入文字。

（五）修改图片效果

通过添加阴影、发光、影像、柔化边缘、凹凸和三维旋转等效果来增强图片的感染力，也可以在图片中添加艺术效果或更改图片的亮度、对比度或模糊度。

（1）单击要添加效果的图片。要将同样的效果添加到多张图片中，单击第一张图片，然后在按住 Ctrl 键的同时单击其他图片。

（2）在"图片工具"下"格式"选项卡上的"图片样式"组中，单击"图片效果"。

【例 5-2】编辑"产品介绍.pptx"，编辑效果如图 5-4 所示。

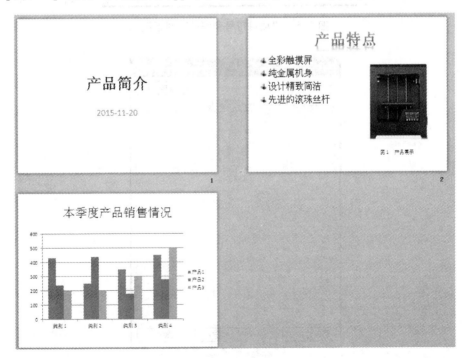

图 5-4　例 5-1 的效果

其操作步骤如下：

（1）打开幻灯片"产品介绍. pptx"，在第一页标题幻灯片的"单击此处添加标题"占位符中，输入"产品介绍"，设置字号为54，在"单击此处添加副标题"占位符中输入"2015-11-20"。

（2）在第二页幻灯片的"单击此处添加文本"占位符中，依次换行输入文本"全彩触摸屏""纯金属机身""设计精致简洁""先进的滚珠丝杆"等文本，设置文本的字号为32。选中这些文本，"开始丨项目符号丨项目符号与编号…"，在"项目符号和编号"对话框中，如图5-5所示，单击"图片"，在"图片项目符号"中选择"blends，bulets，icons…"图片，单击"确定"，如图5-6所示。

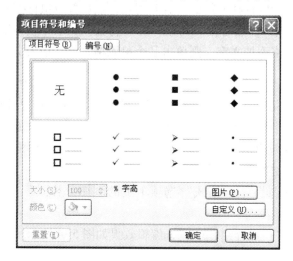

图5-5 "项目符号和编号"对话框

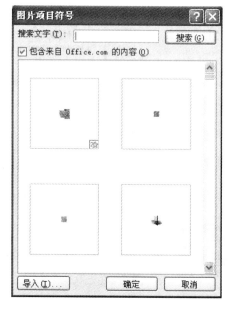

图5-6 "图片项目符号"对话框

（3）单击"插入 | 文本 | 艺术字"，在"艺术字"下拉列表中选择"填充——蓝色"，在"请在此放置你的文字"占位符中输入"产品特点"。

（4）单击"插入 | 图片"，在"插入图片"对话框中，选择"产品图片"文件，如图 5-7 所示，插入图片。

图 5-7　"插入图片"对话框

（5）单击"插入 | 图表"，在"插入图表"对话框中选择"柱形图"中的"簇形柱形图"，如图 5-8 所示。此时，系统启动 Excel，在 Excel 表格输入如图 5-9 所示数据，则在 PowerPoint 中自动产生图表。

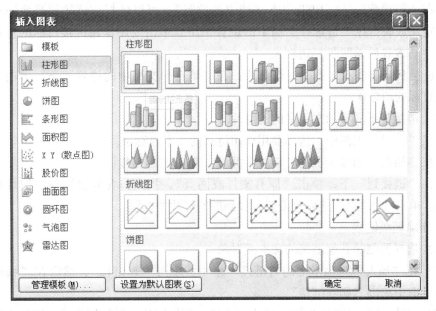

图 5-8　"插入图表"对话框

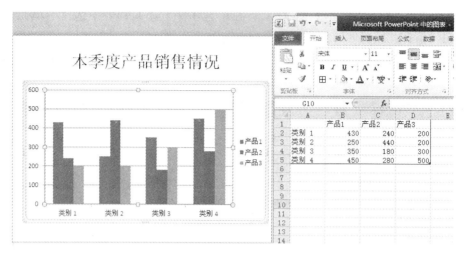

图 5-9　幻灯片中插入图表

（六）创建和删除超链接

在 PowerPoint 中，超链接可以是从一张幻灯片到同一演示文稿中另一张幻灯片的连接，也可以是从一张幻灯片到不同演示文稿中另一张幻灯片、到电子邮件地址、网页或文件的连接。

可以从文本或对象（如图片、图形、形状或艺术字）创建超链接。

1. 创建超级链接

（1）同一演示文稿中的幻灯片。

●在"普通"视图中，选择要用作超链接的文本或对象。

●在"插入"选项卡上的"链接"组中，单击"超链接"。

●在"链接到"下，单击"本文档中的位置"。可以选择：链接到当前演示文稿中的自定义放映：在"请选择文档中的位置"下，单击要用作超链接目标的自定义放映。选中"放映后返回"复选框。

●链接到当前演示文稿中的幻灯片：在"请选择文档中的位置"下，单击要用作超链接目标的幻灯片。

（2）链接到不同演示文稿中的幻灯片。

●在"普通"视图中，选择要用作超链接的文本或对象。

●在"插入"选项卡上的"链接"组中，单击"超链接"。

●在"链接到"下，单击"原有文件或网页"，找到包含要链接到的幻灯片的演示文稿。单击"书签"，然后单击要链接到的幻灯片的标题。

2. 删除超级链接

（1）选择要删除其超链接的文本或对象。

（2）在"插入"选项卡上的"链接"组中，单击"超链接"，然后在"编辑超链接"对话框中单击"删除链接"。

【例5-3】编辑"产品介绍.pptx"，增加一页幻灯片，新幻灯片的文字是"产品特点"和"本季度产品销售情况",在第 3 页和第 4 页的右下角增加一个"右箭头"图形,在"产品特点"上建立超级链接到第 3 页,在"本季度产品销售情况"上建立超级链接到第 4 页,在第 3 页的右箭头上建立超级链接到第 2 页,在第 4 页的右箭头上建立超级链接到第 2 页,如图 5-10 所示。

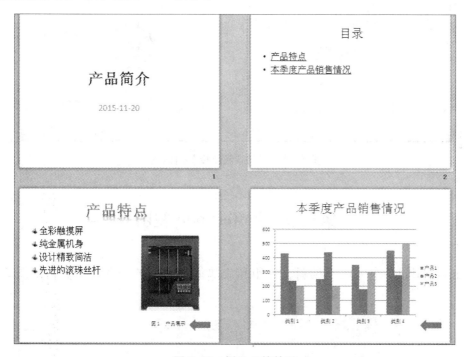

图 5-10　例 5-2 的效果

其操作步骤如下:

(1) 打开"产品介绍. pptx",在"幻灯片"选项卡中,用鼠标右键单击第二页的顶部,在快捷菜单中选择"新建幻灯片",插入一张新的幻灯片。

(2) 在新幻灯片中依次输入文本"产品特点"和"本季度产品销售情况"。在标题中输入"目录"。

(3) 选中文本"产品特点",单击鼠标右键,在快捷菜单中选择"超链接",在"编辑超级链接"对话框中,如图 5-11 所示。在"链接到"中选择"本文档中的位置",在"请选择文档中的位置"中选择"3. 幻灯片",链接到第三页幻灯片。同理,设置"本季度产品销售情况"的链接到第 4 页幻灯片。

(4) 将光标定位到第 3 页幻灯片,单击"插入 | 形状 | 箭头总汇 | 左箭头",在第 3 页上插入左箭头图形,将左箭头拖动到幻灯片的右下角,复制该箭头到第 4 页。

(5) 用鼠标右键单击第 3 页的左箭头,在快捷菜单中选择"超链接",在"编辑超级链接"对话框中,在"链接到"中选择"本文档中的位置",在"请选择文档中的位置"中选择"2. 目录",链接到第二页幻灯片。同理,建立第 4 页的左箭头的链接到第 2 页幻灯片。

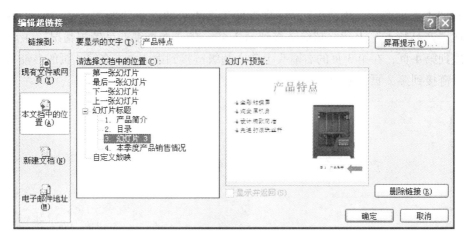

图 5-11 "编辑超链接"对话框

第三节 PowerPoint 视图

在 PowerPoint 中可用于编辑、打印和放映演示文稿的视图有多种，如图 5-12 所示。

图 5-12 幻灯片视图

（1）普通视图：普通视图是主要的编辑视图，可以用于撰写和设计演示文稿。

（2）幻灯片浏览视图：幻灯片浏览视图可以使用户查看缩略图形式的幻灯片。

（3）备注页视图："备注"窗格位于"幻灯片"窗格下，可以键入要应用于当前幻灯片的备注，可以将备注打印出来并在放映演示文稿时进行参考。在"视图"选项卡上的"演示文稿视图"组中单击"备注页"可以切换到备注视图。

（4）幻灯片放映视图（包括演示者视图）：幻灯片放映视图可以用于向受众放映演示文稿。

（5）母版视图：幻灯片母版、讲义母版和备注母版。母版视图包括幻灯片母版视图、讲义母版视图和备注母版视图。它们是存储有关演示文稿的信息的主要幻灯片，其中包括背景、颜色、字体、效果、占位符大小和位置。使用母版视图的一个主要优点在于：在幻灯片母版、备注母版或讲义母版上，可以对与演示文稿关联的每个幻灯片、备注页或讲义的样式进行全局更改。

第四节　幻灯片放映设计

一、动画设置

动画可以将观众注意力集中在要点上，控制信息流以及提高观众对演示文稿的兴趣，可以将动画效果应用于个别幻灯片上的文本或对象、幻灯片母版上的文本或对象，或者自定义幻灯片版式上的占位符。

PowerPoint 中有以下四种不同类型的动画效果。

（1）"进入"效果。例如，可以使对象逐渐淡入焦点、从边缘飞入幻灯片或者跳入视图中。

（2）"退出"效果。这些效果包括使对象飞出幻灯片、从视图中消失或者从幻灯片旋出。

（3）"强调"效果。这些效果包括使对象缩小或放大、更改颜色或沿着其中心旋转。

（4）动作路径。动作路径是指定对象或文本沿行的路径，它是幻灯片动画序列的一部分。使用这些效果可以使对象上下移动、左右移动或者沿着星形或圆形图案移动。

可以单独使用任何一种动画，也可以将多种效果组合在一起。例如，可以对一行文本应用"飞入"进入效果及"放大/缩小"强调效果，使它在从左侧飞入的同时逐渐放大。

（一）将文本或对象制作成动画

1. 向对象添加动画

（1）选择要制作成动画的对象。在"动画"选项卡上的"动画"组中，单击"其他" ▼ 按钮，然后选择所需的动画效果。

注意：单击"更多进入效果""更多强调效果""更多退出效果"或"其他动作路径"，可以看到所需的进入、退出、强调或动作路径动画效果。

（2）在将动画应用于对象或文本后，幻灯片上已制作成动画的项目会标上不可打印的编号标记，该标记显示在文本或对象旁边。仅当选择"动画"选项卡或"动画"任务窗格可见时，才会在"普通"视图中显示该标记。

2. 对单个对象应用多个动画效果

（1）选择要添加多个动画效果的文本或对象。

（2）在"动画"选项卡上的"高级动画"组中，单击"添加动画"。

（3）查看幻灯片上当前的动画列表

可以在"动画"任务窗格中查看幻灯片上所有动画的列表。"动画"任务窗格显示有关动画效果的重要信息，如效果的类型、多个动画效果之间的相对顺序、受影响对象的名称以及效果的持续时间。

打开"动画"任务窗格，在"动画"选项卡上的"高级动画"组中，单击"动画窗格"。如图 5-13 所示。

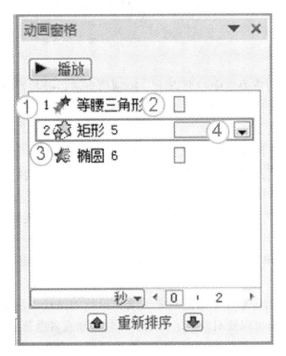

图 5-13　动画窗格

注：

1 该任务窗格中的编号表示动画效果的播放顺序。该任务窗格中的编号与幻灯片上显示的不可打印的编号标记相对应。

2 时间线代表效果的持续时间。

3 图标代表动画效果的类型。在本例中，它代表"退出"效果。

4 选择列表中的项目后会看到相应菜单图标（向下箭头），单击该图标即可显示相应菜单。

各个效果将按照其添加顺序显示在"动画"任务窗格中。

（4）可以查看指示动画效果相对于幻灯片上其他事件的开始计时的图标。查看所有动画的开始计时图标，单击相应动画效果旁的菜单图标，然后选择"隐藏高级日程表"。

指示动画效果开始计时的图标有多种类型。它包括下列选项：

"单击开始"：动画效果在单击鼠标时开始。

"从上一项开始"：动画效果开始播放的时间与列表中上一个效果的时间相同。

"从上一项之后开始"：动画效果在列表中上一个效果完成播放后立即开始。

（5）设置动画效果选项、计时或顺序。

• 设置动画效果选项：在"动画"选项卡上的"动画"组中，单击"效果选项"右侧的箭头，然后单击所需的选项。

• "动画"选项卡上为动画指定开始、持续时间或者延迟计时。

• 为动画设置开始计时，在"计时"组中单击"开始"菜单右侧的箭头，然后选择所需的计时。

●设置动画将要运行的持续时间，在"计时"组中的"持续时间"框中输入所需的秒数。

●设置动画开始前的延时，在"计时"组中的"延迟"框中输入所需的秒数。

（6）若要对列表中的动画重新排序，在"动画"任务窗格中选择要重新排序的动画，然后在"动画"选项卡上的"计时"组中，选择"对动画重新排序"下的"向前移动"使动画在列表中另一动画之前发生，或者选择"向后移动"使动画在列表中另一动画之后发生。

（7）测试动画效果

若要在添加一个或多个动画效果后验证它们是否起作用，执行以下操作：

在"动画"选项卡上的"预览"组中，单击"预览"。

（二）为 SmartArt 图形设置动画效果选项

（1）选择含有要修改的动画的 SmartArt 图形。

（2）在"动画"选项卡上的"高级动画"组中，单击"动画窗格"。

（3）在"动画窗格"列表中，单击要修改的动画右侧的箭头，然后选择"效果选项"。

（4）在对话框的"SmartArt 动画"选项卡的"组合图形"列表中，选择下列选项，如表 5-1 所示。

表 5-1　　　　　　　　　　　　　　　SmartArt **动画选项**

选项	说明
作为一个对象	将整个 SmartArt 图形当作一个大图片或对象来应用动画。
整批发送	同时将 SmartArt 图形中的全部形状制成动画。
逐个	一个接一个地将每个形状单独地制成动画。
逐个按分支	同时将相同分支中的全部形状制成动画。该动画适用于组织结构图或层次结构布局的分支，与"逐个"相似。
一次按级别	同时将相同级别的全部形状制成动画。
逐个按级别	首先按照级别将 SmartArt 图形中的形状制成动画，然后再在级别内单个地进行动画制作。例如，如果有一个布局，其中，四个形状包含 1 级文本，三个形状包含 2 级文本，则首先将包含 1 级文本的四个形状中的每个形状单独地制成动画，然后再将包含 2 级文本的三个形状中的每个形状单独地制成动画。

二、为幻灯片设置切换效果

（一）向幻灯片添加切换效果

（1）在包含"大纲"和"幻灯片"选项卡的窗格中，单击"幻灯片"选项卡。选择要向其应用切换效果的幻灯片的幻灯片缩略图。

（2）在"切换"选项卡的"切换到此幻灯片"组中，单击要应用于该幻灯片的幻灯片切换效果。如图 5-14 所示。

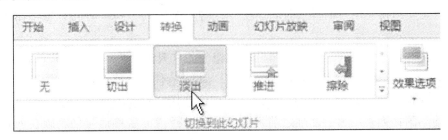

图 5-14　幻灯片切换效果

（3）在"切换到此幻灯片"组中选择一个切换效果。

（二）设置切换效果的计时

（1）要设置上一张幻灯片与当前幻灯片之间的切换效果的持续时间，执行以下操作：

在"切换"选项卡上"计时"组中的"持续时间"框中，键入或选择所需的速度。如图 5-15 所示。

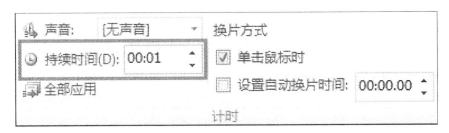

图 5-15　幻灯片切换效果的计时

（2）若要指定当前幻灯片在多长时间后切换到下一张幻灯片，采用下列步骤之一：

●若要在单击鼠标时换幻灯片，在"切换"选项卡的"计时"组中，选择"单击鼠标时"复选框。

●若要在经过指定时间后切换幻灯片，在"切换"选项卡的"计时"组中，在"后"框中键入所需的秒数。

（三）向幻灯片切换效果添加声音

（1）在包含"大纲"和"幻灯片"选项卡的窗格中，单击"幻灯片"选项卡。

（2）选择要向其添加声音的幻灯片的幻灯片缩略图。

（3）在"切换"选项卡的"计时"组中，单击"声音"旁的箭头。

①添加列表中的声音，则选择所需的声音。

②添加列表中没有的声音，则选择"其他声音"，找到要添加的声音文件，然后单击"确定"。如图 5-16 所示。

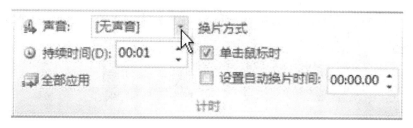

图 5-16 向幻灯片切换效果添加声音

【例 5-4】编辑"产品介绍.pptx",在第 2 张幻灯片的图片上设置动画,动画效果为"陀螺旋",设置全部幻灯片的切换效果为"溶解"。

其操作步骤如下:

(1) 打开"产品介绍.pptx",单击选定第二张幻灯片中的图片,单击"动画"下拉列表中的"强调|陀螺旋",设置图片的动画,如图 5-17 所示。

图 5-17 "动画"下拉列表

(2) 在幻灯片选项卡中,按下组合键 Ctrl+A,选中全部幻灯片,单击"切换"下拉列表中的"华丽型|溶解",如图 5-18 所示。设置幻灯片放映的切换效果。

图 5-18　"切换"下拉列表

第五节　母版的应用

幻灯片母版是幻灯片层次结构中的顶层幻灯片，用于存储有关演示文稿的主题和幻灯片版式的信息，包括背景、颜色、字体、效果、占位符大小和位置。

每个演示文稿至少包含一个幻灯片母版。修改和使用幻灯片母版的主要优点是可以对演示文稿中的每张幻灯片进行统一的样式更改。使用幻灯片母版时，由于无须在多张幻灯片上键入相同的信息，因此节省了时间。

创建幻灯片母版的操作如下：

（1）打开一个空演示文稿，然后在"视图"选项卡上的"母版视图"组中，单击"幻灯片母版"，打开"幻灯片母版"视图，会显示一个具有默认相关版式的空幻灯片母版。如图 5-19 所示。

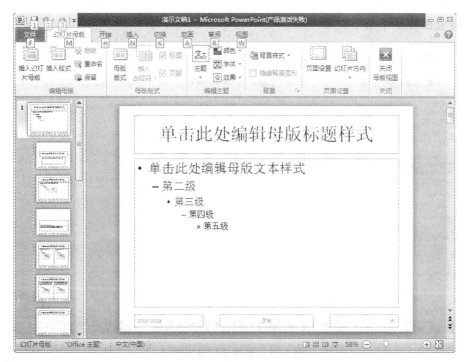

图 5-19 幻灯片母版视图

（2）可以创建版式，或自定义现有版式。

（3）可以添加或修改版式中的占位符。

（4）可以删除默认幻灯片母版附带的任何内置幻灯片版式：在幻灯片缩略图窗格中，用鼠标右键单击要删除的每个幻灯片版式，然后单击快捷菜单上的"删除版式"。

（5）可以应用基于设计或主题的颜色、字体、效果和背景。

（6）可以设置演示文稿中所有幻灯片的页面方向，在"幻灯片母版"选项卡上的"页面设置"组中单击"幻灯片方向"，然后单击"纵向"或"横向"。

（7）在"文件"选项卡上，单击"另存为"。在"文件名"框中，键入文件名。在"保存类型"列表中单击"PowerPoint 模板"，然后单击"保存"。

（8）在"幻灯片母版"选项卡上的"关闭"组中，单击"关闭母版视图"。

由于幻灯片母版影响整个演示文稿的外观，因此在创建和编辑幻灯片母版或相应版式时，在"幻灯片母版"视图下操作。

若要使演示文稿包含两个或更多个不同的样式或主题（如背景、颜色、字体和效果），则需要为每个主题分别插入一个幻灯片母版。

第六节　模板的应用

PowerPoint 模板是另存为 .potx 文件的一张幻灯片或一组幻灯片的图案或蓝图。模板可以包含版式、主题颜色、主题字体、主题效果和背景样式，甚至还可以包含内容。

一、将模板应用于演示文稿

（1）在"文件"选项卡上，单击"新建"。如图 5-20 所示。

图 5-20　新建窗口选择模板

（2）在"可用的模板和主题"下，执行下列操作之一：

①若要重复使用您最近用过的模板，单击"最近打开的模板"。

②若要使用您先前安装到本地驱动器上的模板，单击"我的模板"，再单击所需的模板，然后单击"确定"。

③若要使用"样板模板"，单击"样板模块"后会显示多个已设计好的模块，如图 5-21 所示。双击所喜欢的模板即可打开并进入编辑状态。

图 5-21　样本模板选择

④在"Office.com 模板"下单击模板类别，选择一个模板，然后单击"下载"将

该模板从"Office. com 模板"下载到本地驱动器。

二、创建模板

可以将演示文稿保存为模板。其操作步骤如下：

（1）单击"文件"，然后单击"另存为"。

（2）在"另存为"对话框中，将"保存类型"设置为"PowerPoint 模板"。如图 5-22所示。

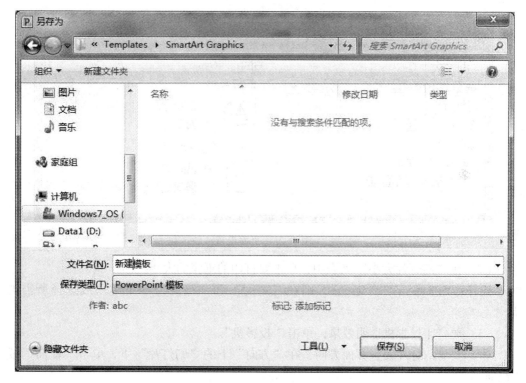

图 5-22　新建模板

保存的位置会自动更改为"Microsoft"文件夹中的"Templates"。

（3）输入模板的名称，然后单击"保存"。

第七节　打印幻灯片

一、设置幻灯片大小、页面方向和起始幻灯片编号

（1）在"设计"选项卡的"页面设置"组中，单击"页面设置"。如图5-23所示。

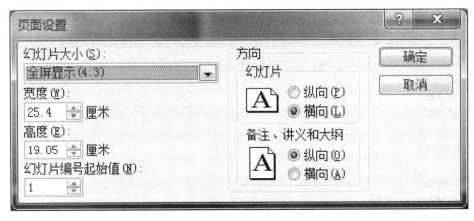

图5-23　页面设置

（2）在"幻灯片大小"列表中，单击要打印的纸张的大小。

注释：如果单击"自定义"，则在"宽度"和"高度"框中键入或选择所需的尺寸。

（3）要打印投影机透明效果，单击"投影机"。

（4）要为幻灯片设置页面方向，在"方向"下的"幻灯片"下，单击"横向"或"纵向"。

（5）在"幻灯片编号起始值"框中，输入要在第一张幻灯片或讲义上打印的编号，随后的幻灯片编号会在此编号上递增。

二、设置打印选项，打印幻灯片或讲义

设置打印选项（包括副本数、打印机、要打印的幻灯片、每页幻灯片数、颜色选项等等），然后打印幻灯片，执行以下操作：

（1）单击"文件"选项卡。

（2）单击"打印"，显示如图5-24所示。

图 5-24   设置打印选项

（3）在"打印设置"下的"副本"框中，输入要打印的副本数。

（4）在"打印机"下，选择要使用的打印机。

（5）在"设置"下，执行以下操作之一：

①若要打印所有幻灯片，单击"打印全部幻灯片"。

②若要打印所选的一张或多张幻灯片，单击"打印所选幻灯片"。

③若要仅打印当前显示的幻灯片，单击"当前幻灯片"。

④若要按编号打印特定幻灯片，单击"幻灯片的自定义范围"，然后输入各幻灯片的列表和/或范围。使用无空格的逗号将各个编号隔开。例如，1，3，5。

（6）在"其他设置"下，执行以下操作：

①单击"单面打印"列表，然后选择在纸张的单面还是双面打印。

②单击"逐份打印"列表，然后选择是否逐份打印幻灯片。

③单击"整页幻灯片"列表，然后执行下列操作：若要在一整页上打印一张幻灯片，在"打印版式"下单击"整页幻灯片"；若要以讲义格式在一页上打印一张或多张幻灯片，在"讲义"下单击每页所需的幻灯片数，以及希望按垂直还是水平顺序显示这些幻灯片。

第八节　PowerPoint 操作题

第 1 题：打开考生文件夹下的演示文稿 P1. pptx，按照下列要求完成对此文稿的修饰并保存。如图 5-25 所示。

生命在于运动

图 5-25　设计幻灯片

（1）使用演示文稿设计中的"活力"模板来修饰全文。全部幻灯片的切换效果设置成"平移"。

（2）在幻灯片文本处键入"打球去！"文字，设置成黑体、倾斜、48 磅。幻灯片的动画效果设置：剪贴画是"飞入""自左侧"，文本为"飞入""自右下部"。在演示文稿开始插入一张"仅标题"幻灯片，作为文稿的第一张幻灯片，主标题键入"人人都来锻炼"。

第 2 题：打开考生文件夹下的演示文稿 P2. pptx，按照下列要求完成对此文稿的修饰并保存。如图 5-26 所示。

图 5-26 设计幻灯片

（1）将第三张幻灯片版式改变为"垂直排列标题与文本"，将第一张幻灯片背景填充纹理变为"羊皮纸"。

（2）将文稿中的第二张幻灯片标题修改为"项目计划过程"，将字体设置为"隶书"、字号设置为"48 磅"。然后将该幻灯片移动到文稿的最后，作为整个文稿的第三张幻灯片。全文幻灯片的切换效果都设置成"垂直百叶窗"。

第 3 题：打开考生文件夹下的演示文稿 P3.pptx，按照下列要求完成对此文稿的修饰并保存。如图 5-27 所示。

图 5-27　设计幻灯片

（1）将第一张幻灯片的主标题文字字号设置成"54 磅"，并将其动画设置为"飞入""自右侧"。将第二张幻灯片的标题的字体设置为"楷体"、字号设置为 51 磅。图片动画设置为"飞入""自右侧"。

（2）第一张幻灯片背景填充预设为"水滴"。全部幻灯片切换效果为"形状"。

第 4 题：打开考生文件夹下的演示文稿 P4. pptx，按照下列要求完成对此文稿的修饰并保存。如图 5-28 所示。

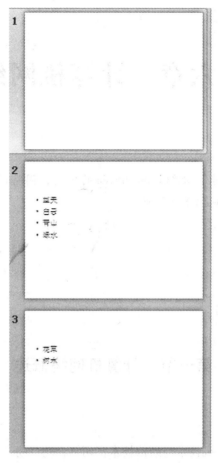

图 5-28 设计幻灯片

（1）在第一张幻灯片标题处键入"环境"文字，将字体设置为"隶书"、字号设置为"55 磅"；第二张幻灯片的文本部分动画设置为"右下角飞入"。将第二张幻灯片移动为演示文稿的第一张幻灯片。

（2）使用"波形"演示文稿设计模板修饰全文；幻灯片切换效果全部设置为"垂直百叶窗"。

第六章　计算机网络

【学习重点】

本章紧扣考试大纲要求，介绍计算机网络的概念，因特网基础知识及应用。本章共使用 6 个学时，学习掌握以下知识点：

1. 计算机网络基本概念。
2. 因特网基础。
3. 简单的因特网应用。
4. 浏览器的使用。
5. Outlook 2010 的使用。

第一节　计算机网络概述

一、计算机网络的定义

计算机网络是现代计算机技术与通信技术密切结合的产物。它是利用通信设备和线路将地理位置不同的、功能独立的多个计算机系统互连起来，以功能完善的网络软件（即网络通信协议、信息交换方式和网络操作系统）实现网络中资源共享和信息传递的系统。

计算机网络具有以下共同点：

（1）从资源观点看，网络具有共享外部设备的能力和共享公用信息的能力；

（2）从用户观点看，网络把个人与许多计算机用户连接在一起；

（3）从管理角度看，网络具有共享集中数据管理的能力。

二、计算机网络的组成

计算机网络可以完成数据处理和数据传输两大基本功能。因此，在逻辑结构上可以将其分为两部分：资源子网和通信子网。如图 6-1 所示。

（一）资源子网

资源子网是计算机网络的外层，负责全网的数据处理。向用户提供各种网络资源与网络服务，包括主机、共享的软件资源和信息资源。

（二）通信子网

资源子网是计算机网络的内层，是实现网络通信功能的设备，为资源子网提供通信服务，完成数据传输、存储转发、路由选择、通信处理任务，包括交换机、集线器、路由器、通信线路的设备。

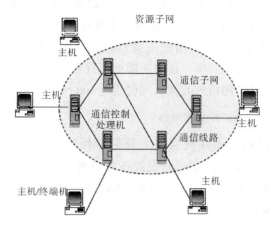

图6-1 计算机网络组成

三、计算机网络的发展

计算机网络最早出现在20世纪60年代，经历了由简单到复杂、由低级到高级的发展过程。其演变过程如下：

（一）第一阶段：面向终端的计算机网络

第一阶段的计算机网络出现在20世纪60年代，将分散的多个终端通过线路连接到主机上，网络以一台计算机为中心（称为主机），用通信线路将许多分散在不同地理位置的"终端"连接到该主机，终端仅是计算机的外部设备，所有终端用户的事务在主机中进行处理，实现了共享主机资源和信息采集以及综合处理。人们把它称为远程联机系统。如图6-2所示。

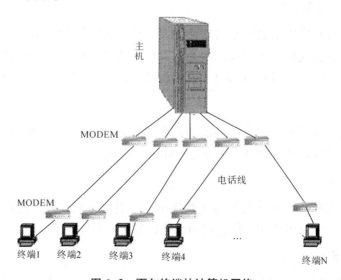

图6-2 面向终端的计算机网络

（二）第二阶段：多个主机通过通信线路网络

第二阶段是在 20 世纪 70 年代，实现了多个主机通过通信线路的网络。网络中有许多分散在不同地理位置的主机，每台主机都能连接许多终端，通过通信线路实现了数据传输与资源共享。此阶段网络应用的主要目的是：提供网络通信、保障网络连通，网络数据共享和网络硬件设备共享。这个阶段的里程碑是美国国防部的 ARPAnet 网络。目前，人们通常认为它就是网络的起源，同时也是 Internet 的起源。

（三）第三阶段：开放式和标准化的网络

从 20 世纪 80 年代起，计算机网络大部分采用直接通信方式，以太网、MAN、WAN 迅速发展，各个计算机生产商纷纷发展各自的网络系统，制定自己的网络技术标准，直到国际标准化组织 ISO 成立，专门研究网络标准化问题，并提出了开放系统互联体系结构 OSI 参考模型。

（四）第四阶段：互联网

从 20 世纪 90 年代开始，随着计算机网络技术的成熟发展，特别是 1993 年美国宣布建立国家信息基础设施 NII 以后，世界上许多国家纷纷制定和建立本国的 NII，从而极大地推动了计算机网络技术的发展，使计算机网络进入一个崭新的阶段。这就是计算机网络互联与高速的网络阶段。目前全球以 Internet 为核心的高速计算机互联网已经形成，连接了世界 200 多个国家和地区数亿台计算机。网上的所有计算机用户可以共享网上资料、交流信息、互相学习，将世界变成了"地球村"。Internet 已成为人类最重要的最大的知识宝库。

四、计算机网络的主要功能

计算机网络的主要功能有以下几个方面：

（一）快速通信（数据传输）

快速通信是计算机网络最基本的功能之一。计算机网络为分布在不同地点的计算机用户提供了快速传送信息的手段，网上不同的计算机之间可以传送数据、交换信息（如文字、声音、图形、图像和视频）等，为人类提供了前所未有的方便。

（二）共享资源

共享资源是计算机网络的重要功能。共享资源包括各种计算机的软硬件资源、大容量存储设备、计算机外部设备，如彩色打印机、绘图仪等。

（三）提高可靠性

计算机网络是指在一个较大的网络系统中，个别部件或计算机出现故障是不可避免的。有了计算机网络可以用其他连网的计算机替代出了故障的计算机。

（四）实现分布式处理

分布式处理是将一个复杂的大任务分解成若干个子任务，由网上的计算机分别承担其中的一个子任务，共同运作、完成，以提高整个系统的效率。这就是分布式处理模式。

　　计算机网络功能的重要意义是它改变了人类交流的方式和信息获取的途径。

五、计算机网络的分类

　　计算机网络的类型有多种，从不同的角度对网络有不同的分类方法，每种网络的划分都有特殊的含义。

（一）根据网络的地理位置范围分类

1. 局域网（LAN）

　　局域网一般限定在较小的区域内，作用于几百米到几千米范围，通常采用有线的方式连接起来，用于组建企业网和校园网。局域网分为局域区域网和高速区域网。

　　局域区域网的传输速率为 1~20Mb/s，最大距离 25 千米，采用分组交换技术，入网最大设备数为几百台到几千台。高速区域网采用 CAT 电缆或光纤，传输速率为50Mb/s，最大距离为 1 千米，入网最大设备数为几十台。

　　局域网可以实现文件管理、应用软件共享、打印机共享、工作组内的日程安排、电子邮件和传真通信服务等功能。局域网是封闭型的，可以由办公室内的两台计算机组成，也可以由一个公司内的上千台计算机组成。

2. 城域网（MAN）

　　城域网是局域网的延伸，用于局域网之间的连接，网络规模局限在一座城市的范围内，覆盖的地区范围为几十千米到几百千米的区域。

　　城域网属宽带局域网。它将位于同一城市内不同地点的主机、数据库，以及局域网等互相连接起来，这与广域网的作用有相似之处，但两者在实现方法与性能上有很大差别。

3. 广域网（WAN）

　　广域网跨越国界、洲界甚至全球范围。距离范围从几十千米到几千千米。

　　广域网也称远程网，通常跨越很大的物理范围，它能连接多个城市或国家，或横跨几个洲并能提供远距离通信，形成国际性的远程网络。

　　广域网是由许多交换机组成的，交换机之间采用点到点线路连接，几乎所有的点到点通信方式都可以用来建立广域网，包括租用线路、光纤、微波、卫星信道。而广域网交换机实际上就是一台计算机，由处理器和输入/输出设备进行数据包的收发处理。广域网使用的主要就是存储-转发技术。城域网与局域网之间的连接是通过接入网来实现的。接入网又称为本地接入网或居民接入网，它是随着近几年用户对高速上网需求增加而出现的一种网络技术，是局域网与城域网之间的桥接区。

（二）根据网络的拓扑结构分类

　　网络的拓扑结构是指计算机网络由一组结点和连接的线路组成，可以把计算机和通信设备抽象为一个结点，把传输介质抽象为连接的线路。

1. 总线型拓扑结构

总线型拓扑结构是指将网络中的所有设备通过相应的硬件接口直接连到这一公共总线介质上。其优点是：结构简单，布线容易，可靠性较高、成本低、易于扩充，是局域网常采用的结构。如图6-3所示。

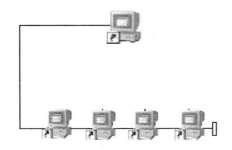

图6-3　总线型结构

2. 星型拓扑结构

星型拓扑结构是最早采用的拓扑结构形式。它由中央结点和通过点到点通信链路连接到中央结点的各个站点组成，每个结点都是一条独立的通信线路。其优点是：结构简单，控制处理方便，增加工作站点容易。其缺点是：结构中只要中央结点出现故障就会引起网络瘫痪。如图6-4所示。

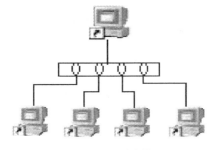

图6-4　星型结构

3. 环型拓扑结构

环型拓扑结构是将所有的结点通过通信线路组成一个闭合环。其优点是：结构简单，成本低。其缺点是：环中出现任意一点故障都会引起网络瘫痪。如图6-5所示。

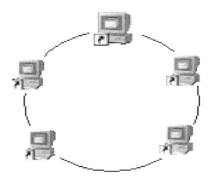

图6-5　环型结构

（三）树型拓扑结构

树型拓扑结构是将结点按照层次连接，交换信息主要在上下结点之间进行。其优点是：连接简单，维护方便，适用于汇集信息的应用场合，成本低。其缺点是：资源共享能力较低。如图 6-6 所示。

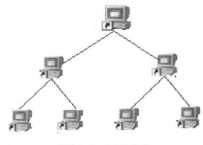

图 6-6　树型结构

六、计算机网络的软、硬件组成

（一）网络的硬件设备

计算机网络中的硬件系统由计算机（主机、客户机、终端）、通信处理机（集线器、交换机、路由器）、通信线路（同轴电缆、双绞线、光纤）、信息交换设备（Modem、编码解码）等构成。

1. 网络服务器

在一般在局域网中，可以根据计算机不同的作用，将计算机分为服务器和工作站。主机通常被称为服务器，是为客户机提供各种服务的计算机。网络服务器用于处理各个网络工作站提出的网络请求，包括文件服务、WWW 信息浏览服务、电子邮件服务和 FTP 文件传输服务等，为网络提供通信控制、管理、共享资源和提供网络服务。

2. 网络工作站

除服务器外，网络上的其余设备主要是通过执行应用程序来完成工作任务的，我们把这种计算机称为网络工作站或网络客户机。它是共享资源并接受服务器的控制和管理的设备，也是网络数据主要的发生场所和使用场所。用户主要是通过使用工作站来利用网络资源并完成自己的任务。

3. 网卡

网卡又称为网络适配器，它是网络中计算机与计算机之间互相通信的接口。

4. 调制解调器

调制解调器在网络信号传递中实现数字信号与模拟信号的转换。

5. 集线器

集线器的英文称为"Hub"。它是网络中计算机与计算机之间互相通信的接口。其主要功能是：对接收到的信号进行再生整形放大，以扩大网络的传输距离，同时把所有节点集中在以它为中心的节点上。

6. 网桥

网桥是一个局域网与另一个局域网之间建立连接的桥梁。它的作用是扩展网络距离。

7. 路由器

路由器又称为网关设备。它为不同类型的网络提供互联，不仅具有网桥的全部功能，还具有路径的选择功能。

8. 传输介质

常见的传输介质有双绞线电缆、同轴电缆、光纤、无线介质等。

（1）双绞线电缆

双绞线电缆的特点是比较经济、安装方便、传输率和抗干扰能力一般。

（2）同轴电缆

同轴电缆从用途上可分为基带同轴电缆和宽带同轴电缆。同轴电缆的传输率和抗干扰能力比双绞线好些。基带同轴电缆数据率可达 10Mbps。

（3）光纤

光纤是光导纤维的缩写。它的特点是传输距离长、传输效率高，抗干扰能力强，是高安全性网络的理想选择。

（4）无线介质

无线介质是一种很有发展前途的联网方式。它可以通过微波、红外线、卫星通信、激光等实现。

（二）网络的软件系统

网络软件系统是为了协调网络资源，对网络资源进行合理的调度和分配及全面的管理软件，并采取一系列保密安全措施，保证数据和信息的安全。

1. 网络操作系统

网络操作系统是网络软件中最专业的软件，用于实现不同的主机之间通信，以及全网硬件和软件资源的共享，并向用户提供统一、方便的网络接口，便于用户使用网络。目前网络操作系统有三大阵营：UNIX、NetWare 和 Windows。目前，我国使用最广泛的是 Windows 网络操作系统。

2. 网络协议

网络协议是网络通信的数据传输规范。网络协议软件是用于实现网络协议功能的软件。目前，典型的网络协议软件有 TCP/IP 协议、IPX/SPX 协议、IEEE802 标准协议等。其中，TCP/IP 协议是当前异种网络互连应用最为广泛的网络协议软件。

3. 网络应用软件

网络应用软件是为网络用户提供服务，最重要的特征是它研究的重点不是网络中各个独立的计算机本身的功能，而是如何实现网络特有的功能。如腾讯 QQ 软件。

4. 网络管理软件

网络管理软件是用来对网络资源进行管理以及对网络维护的软件。如性能管理、配置管理、计费管理、安全管理、网络运行状态监视与统计等。

5. 网络通信软件

网络通信软件是用来对网络中各种设备之间进行通信的软件。它使用户能够在不必详细了解通信控制规程的情况下，控制应用程序与多个站点进行通信，并对大量的通信数据进行加工和管理。

第二节　计算机网络的体系结构

一、网络协议

（一）网络协议

网络协议为计算机网络中进行数据交换而建立的规则、标准或约定的集合。

（二）通信协议

通信协议是指双方实体完成通信或服务所必须遵循的规则和约定。通信协议具有层次结构，这是因为网络体系结构是有层次的。通信协议被分成多层，每层内又可以分为若干个子层，协议各层次有高低之分。通信协议具有可靠性和有效性。

（三）TCP/IP 协议

TCP/IP 协议是 Internet 上最基本的协议，也是 Internet 国际互联网络的基础。TCP/IP协议实际上是一个协议簇、一组协议，TCP 协议和 IP 协议是其中两个重要的协议。TCP 传输控制协议是用来为应用程序提供端到端的通信和控制功能，负责收集信息包，并将其按照适当的次序传递，确保网上所发送的数据可以完整地接收。IP 是网际协议，是用来给各种不同的局域网和通信子网提供一个统一的互联平台，负责将消息从一个主机送到另一个主机，IP 协议定义了电子设备如何连入因特网，以及数据如何在它们之间传输的标准。同时，它给每一台联网的设备规定了一个地址。

在日常生活中，通信双方借助于彼此的地址和邮政编码进行信件通信。Internet 中的计算机通信也是如此。网络中的每台计算机都有一个网络地址，发送方在要传送的信息上写上接收方计算机的网络地址信息才能通过网络传送到接收方。

基于TCP/IP 协议的网络系统中，连接在网络上的每一台计算机与设备都被称为"主机"，主机之间的沟通是通过 IP 地址、子网掩码和 IP 路由交换三个"桥梁"实现的。

因特网采用的协议就是 TCP/IP 协议。

二、计算机网络的体系结构

计算机网络的功能划分、分层划分和网络结构称为计算机网络体系结构。

国际标准化组织 ISO 在充分考虑到当时所有的网络体系结构基础上，提出了开放系统互连参考模型简称 OSI/RM 或 OSI 模型。OSI 参考模型采用层次化结构，将网络结构分为七层。

（1）物理层：组成物理通路。物理层为设备之间的数据通信提供传输媒体及互连设备，为数据传输提供可靠的环境。

（2）数据链路层：进行二进制数据流的传输，为网络层提供数据传送服务。

（3）网络层：解决多节点传送时的可靠传输通路，建立网络连接和为上层提供服务。

（4）会话层：是按照应用进程之间的约定原则，按照正确的顺序收、发数据，进行各种形态的对话。

（5）传输层：提供建立、维护和拆除传送连接的功能，选择网络层提供最合适的服务，为主机间提供透明的数据传输通路。

（6）表示层：解决数据格式转换和文本压缩。

（7）应用层：提供与用户应用有关的服务功能。

第三节　Internet 基础及应用

一、Internet 概述

Internet（因特网）是当今世界上最大的计算机网络通信系统，是全球范围内的开放式计算机网络连接而成的计算机互联网。Internet 也可以被简单地定义为网络的网络、网络的集合。

Internet 可以连接各种各样的计算机系统和计算机网络，只要遵守 TCP/IP 的协议，就可以连入到 Internet。Internet 已经成为现代人获取信息的一种最有效的手段，它的应用服务已经渗透到了我们生活的方方面面，网上购物、网上娱乐、网上新闻等新的生活方式正在逐渐影响着我们的日常生活。

二、Internet 的发展

20 世纪 60 年代局域网技术迅速发展，美国国防部高级研究计划局（ARPA）资助的 ARPANET，通过租用电话线路将分布在美国不同地区的 4 所大学的主机连成一个网络。到了 1976 年 ARPANET 发展到 60 多个结点，连接了 100 多台计算机主机，跨越了整个美国，并且通过卫星延伸到欧洲，形成了覆盖世界范围的通信网络。1980 年，ARPANET 开始把 ARPANET 上的计算机转向采用新的 TCP/IP 协议。1985 年美国国家科学基金会（NSF）决定筹建 6 个拥有超级计算机的中心。1986 年 NSF 组建了美国国家科学基金会 NSFNET。它采用三级网络结构，分为主干网、地区网、校园网，连接所有的计算机中心，覆盖了美国主要的大学和研究所，实现了与 ARPANET 以及美国主要网络的互联。20 世纪 90 年代以来，鉴于 ARPANET 的实验任务已经完成，随后，其他发达国家也相继建立了本国的 TCP/IP 网络，并逐渐连接到因特网上，从而构成了今天世界范围内的互联网络。

我国计算机互联网的发展：1987 年我国的第一封电子邮件发出，越过长城，走向了世界。1989 年中国开始建设互联网，短短几年时间，中国就创建了各类大型互联网。①中国公用计算机互联网（CHINANET），由中国电信负责建设与经营管理。②中国金桥信息网（CHINAGBNET），由吉通通信有限公司建设与经营管理。③中国联通公用计算机互联网（UNINET），由中国联合通信有限公司负责建设与经营管理。④中国网通公用互联网（CNCNET），由中国网络通信有限责任公司负责建设与经营管理。⑤中国移动互联网（CMNET），由中国移动通信集团公司负责建设与经营管理。⑥中国教育科研网（CERNET），由国家投资建设、教育部负责管理。⑦中国科技网（CSTNET），由国家投资和世界银行贷款建设、中国科学院网络运行中心负责运行管理。⑧中国国际经济贸易互联网（CIETNET），是面向全国外经贸系统事业单位的专用互联网，由商务部下属的中国国际电子商务中心负责建设和管理。

三、IP 地址和域名

（一）IP 地址的含义

（1）IP 地址是指接入因特网的计算机被分配的网络地址（即 IP 地址）。IP 地址是 IP 协议提供的一种统一的地址格式，它为互联网上的每一个网络和每一台主机分配一个逻辑地址。因特网上的每台计算机和其他设备都规定了一个唯一的地址。由于有这种唯一的地址，才保证了用户在连网的计算机上操作时，能够高效而且方便、正常通信。

（2）IP 地址划分为两个部分：网络地址和主机地址。网络地址用来标识主机所在的网络；主机地址用来标识主机本身。

（3）IP 地址用二进制数来表示，每个 IP 地址长 32 位二进制（32bit），分成 4 个字节，每个字节由 8 位二进制数组成。每 8 位之间用小数点隔开，由于二进制不利于记忆，通常转换成十进制表示，其取值为 0~255。

在 Internet 网上，每一台主机、终端、服务器以及路由器都有自己的 IP 地址，这个 IP 地址是全球唯一的，用于标识该计算机在 Internet 网中的位置。

为了保证网络上每台计算机的 IP 地址的唯一性，用户必须向特定机构申请注册，分配 IP 地址。每一个与网络相连接的计算机和服务器都被指派了一个独一无二的地址。

（二）IP 地址的分类

根据网络地址和主机地址的不同划分，编址方案将 IP 地址划分为 A、B、C、D、E 五类。如图 6-7 所示。

A类	0 网络号(7位)	主机号(24位)
B类	10　网络号(14位)	主机号(16位)
C类	110　　网络号(21位)	主机号(8位)
D类	1110	备用
E类	11110	试验开发用

图 6-7　IP 地址的分类

A 类网络地址占 8 位，主机地址占 24 位；B 类网络地址占 16 位，主机地址占 16 位；C 类网络地址占 24 位，主机地址占 8 位；D 类、E 类备用。

IP 地址的分配情况如下：

A 类分配为 0～127，B 类分配为 128～191，C 类分配为 192～223，D 类、E 类留为特殊用途。

（三）域名

由于 IP 地址是数字标识，使用时难以记忆和书写，因此在 IP 地址的基础上又发展出一种符号化的地址方案来代替数字型的 IP 地址。每一个符号化的地址都与特定的 IP 地址对应，这样网络上的资源访问起来就容易得多了。这个与网络上的数字型 IP 地址相对应的字符型地址，被称为域名。

域名的目的是为了便于记忆和沟通一组服务器的地址，如网站、电子邮件、FTP 等。

域名是上网单位的名称，是一个通过计算机登上网络的单位在该网中的地址。一个公司如果希望在网络上建立自己的主页，就必须取得一个域名。域名由若干部分组成，包括数字和字母。通过该地址，人们可以在网络上找到所需的详细资料。域名是上网单位和个人在网络上的重要标识，起着识别作用，便于他人识别和检索某一企业、组织或个人的信息资源，从而更好地实现网络上的资源共享。

（四）DNS 域名系统

域名系统（DNS）是完成 Internet 主机名和 IP 地址的映射，把域名翻译成 IP 地址的系统，同时也可以将 IP 地址翻译成域名。域名系统是一种分布层次式的命名机制。

域名的一般格式为：<主机名>．<网络名>．<机构名>．<国家或区域代码>。

其中，国家或区域代码为一级域名，机构名为二级域名，网络名为三级域名，右边的域名级别高，左边的域名级别低。常用的一级域名如图 6-8 所示。

国际组织域名

域名	含义	域名	含义
com	商业部门	mil	军事机构
int	国际组织	gov	政府部门
org	非营利组织	net	网络支持中心
edu	教育机构		

国际代码域名

国家代码	国家名称	国家代码	国家名称
at	奥地利	cn	中国
au	澳大利亚	de	德国
kr	韩国	fr	法国
jp	日本	ca	加拿大
uk	英国	us	美国

图 6-8　常用的一级域名

域名系统（DNS）规定，域名中的标号都由英文字母和数字组成。域名的格式要求：级别最低的域名写在最左边、级别最高的域名写在最右边。由多个标号组成的完整域名总共不超过 255 个字符。

四、因特网接入方式

因特网的接入方式比较多，常用的有 ADSL 接入、光纤宽带接入、局域网接入、无线接入等。

（一）ADSL 接入

ADSL 可以直接利用现有的电话线路，通过在线路两端加装 ADSL 设备便可以为用户提供宽带服务；它可以与普通电话线共存于一条电话线上，接听、拨打电话的同时能进行 ADSL 传输，而又互不影响；进行数据传输时不通过电话交换机，ADSL 的数据传输速率可以根据线路的情况自动进行调整，它以"尽力而为"的方式进行数据传输。其特点是速率稳定、带宽独享、语音数据不干扰等。ADSL 接入适用于家庭、个人等用户。

（二）光纤宽带接入

光纤宽带是现在接入互联网的一种常用方式，实现过程是光纤+LAN（局域网）的方式。它通过光纤将信号接入小区交换机，然后通过交换机接入家庭。

（三）局域网接入

局域网接入因特网，就是将局域网中的一台计算机（服务器）连接到因特网上，其他计算机共享网络资源。通常局域网仅为一个单位服务，只在一个相对独立的局部范围内连网，如校园网、公司网等。局域网接入传输速率高，误码率低。

（四）无线接入

无线接入不需要布线，可以不受条件的限制，适合移动办公用户的需要。几乎所有智能手机、平板电脑和笔记本电脑都支持无线上网，比如家里的 ADSL、小区宽带等，只要接一个无线路由器，就可以把有线信号转换成无线信号。WiFi 就是无线上网，目前 WiFi 在大城市使用比较广泛，符合个人和社会信息化的需求。由于 WiFi 是免费的，上网传输速度不仅非常快，而且非常灵活方便，深受大家的喜爱。

五、Internet 的服务

（一）万维网（WWW）

WWW（World Wide Web）译为"万维网"，它是建立在 TCP/IP 基础上的，采用客户机/服务器工作模式的一种网络应用。它将分散在世界各地专门存放和管理 WWW 资源的 Web 服务器中的信息，用超文本方式链接在一起，供互联网上的计算机用户查询和调用。WWW 是当前应用最为广泛的 Internet 服务。

WWW 浏览器是用来浏览 Internet 上网页的客户端软件。它为用户提供了寻找

Internet 上内容丰富、形式多样的信息资源的便捷途径。目前常用的浏览器软件有 Netscapc 公司的 Navigator 和 Microsoft 公司的 Explorer。

（二）电子邮件服务（E-mail）

电子邮件服务称为 E-mail 服务，它是 Internet 上应用最为广泛的服务之一。它为 Internet 用户之间发送和接收信息提供了一种快捷、廉价的现代化送信手段。在电子商务及国际交流中发挥了重要的作用。

与传统的邮件相比，电子邮件具有以下特点：①快捷、廉价；②信息类型多样；③高效灵活。

使用电子邮件服务的前提是通信的双方都要有自己的电子邮箱、用户名和密码。电子邮件的内容是计算机之间通过网络及时传送的信件、文档或图像等信息。

电子邮件采取"存储转发"的方式，从始发计算机取出邮件，在网络传输过程中经过多个计算机的中转，最后到达目标计算机，送进收信人的电子邮箱。

电子邮件地址格式：用户名@收信服务器域名。其中："@"读作"at"，@ 后面的信息是电子邮件服务器域名，是拥有独立 IP 地址的计算机的名字；用户名是指在该电子邮件服务器上位用户建立的电子邮件账号，用户名是用户自己在申请时设定的，可以是任意的，但在申请成功以后就不允许修改了。例如：lanming@ 263. net。其中，lanming 为用户名，263. net 为主机名。

电子邮件与普通的邮政信件（收信地址、收信人、发信人地址）相似，也有自己固定的格式。SMTP 协议规定了电子邮件由封皮、邮件头和邮件体三部分组成。

电子邮件是基于计算机网络的通信系统，因此，在接收和发送电子邮件时，必须遵循一些基本协议。电子邮件协议有以下几种类型：①简单邮件传输协议（SMTP）：负责邮件服务器之间的传送，它包括定义电子邮件信息格式和传输邮件标准。②邮局协议（POP）：将邮件服务器的电子邮箱中的邮件直接传送到用户本地计算机上。③交互式邮件存取协议（IMAP）提供一个在远程服务器上管理邮件的手段。④电子邮件系统扩展协议（MIME）满足用户对多媒体电子邮件和使用本国语言发送邮件的需要。

（三）文件传输服务（FTP）

文件传输服务是 Internet 上二进制文件的标准传输协议，提供的服务是将一台计算机的文件传输到另一台计算机上去。在互联网上实现文件传输的软件是文件传输协议（File Transfer Protocol，FTP）。

FTP 服务器是指提供 FTP 服务的计算机，负责管理一个大型文件仓库。FTP 客户机是指用户的本地计算机。FTP 服务使每个连网的计算机都拥有一个巨大的备份文件，这是单个计算机无法比拟的。

（四）远程登录服务（Telnet）

远程登录是将本地计算机与远程的服务器进行连接，并在远程计算机上运行自己的应用程序，从而共享计算机网络系统的软件和硬件资源。

远程登录使登录到远程计算机的用户就像在自己的计算机上操作一样，而数据在远程计算机上响应处理，并且将结果返回到自己的计算机上，通过远程登录，本地计算机便能与网络上另一远程计算机取得"联系"，并进行程序交互。进行远程登录的用户叫做本地用户，本地用户登录进入的系统叫做远地系统。

（五）信息检索服务

信息检索服务是 Internet 所提供的最重要的、使用最广的服务功能之一，它提供了一些信息上流通最直接、最方便的快捷方式。现在比较大一点的网站均提供了网络搜索服务，用户只要输入搜索的关键字，即可查找到所需的资料。著名的搜索网站有 Yahoo、Sohu、新浪等，还有一些专门用于信息搜索的网站，如 Google、Baidu 等。

（六）Internet 服务

除上面的服务外，因特网还提供了网上购物、网上聊天、网络寻呼（OICQ）、网上银行、IP 电话、网络游戏等服务。

第四节 Internet Explorer 浏览器的使用

一、相关概念

（一）超文本与超媒体

文本是可以显示的字符，包括字母、汉字、数字符号、标点符号等有序组合。超文本是用超链接的方法，将各种不同空间的文字信息组织在一起。通过这种链接方式，将许多的文本信息编织成一张张网页。超媒体是指超连接不仅能够链接文本，还可以链接声音、图形、动画等。

（二）HTML 语言

HTML 是编写 Web 网页最基本文本格式语言。

（三）HTTP 协议

WWW 服务中客户机和服务器之间采用超文本传输协议 HTTP 协议进行通信。从网络协议的层次结构上看，应属于应用层的协议。HTTP 协议提供了一种发布和接收网页的方法。

（四）主页和页面

Internet 上的信息以 Web 页面来组织，由若干主题相关的页面集合构成 Web 网站。

主页（HomePage）是指个人或机构的基本信息页面，一个网站的入口点。用户通过主页可以访问有关的信息资源的页面，主页和页面的基本元素有文本、图像、表格、超链接等。

（五）统一资源定位器（URL）

在 Internet 中有众多的 WWW 服务器，而每一台服务器中又包含很多主页，用户如何找到想要看的主页呢？这就需要使用统一的资源定位器（Uniform Resource Locator，URL）来指定服务器中信息资源的位置。

URL 的格式为：<协议名>：//<域名或 IP 地址>/路径/文件名

其中，协议名可以是 HTTP（超文本传输协议）、FTP（文件传输协议）、TELNET（远程登录协议）等，因此利用浏览器不仅可以访问 WWW 服务，还可以访问 FTP 服务等。

例如：HTTP：//www. swufe. edu. cn

FTP：//cai. swufe. edu. cn/ks/w123. doc

二、浏览器

浏览器是上网时经常使用到的客户端程序。

浏览器用来显示在万维网或局域网中的文字、图像及其他信息。这些文字或图像，可以是连接其他网址的超链接，用户可以迅速及轻易地浏览各种信息。

一个网页中可以包括多个文档，每个文档都是分别从服务器获取的。许多浏览器还支持其他的 URL 类型及其相应的协议。允许网页设计者在网页中嵌入图像、动画、视频、声音、流媒体等。大部分网页为 HTML 格式。

浏览器的主要功能就是向服务器发出请求，在浏览器窗口中展示您选择的网络资源。这里所说的资源一般是指 HTML 文档，也可以是 PDF、图片或其他的类型。资源的位置由用户使用 URL 指定。

我们在地址栏输入 URL（网址），浏览器会向 DNS（域名服务器）提供网址，由它来完成 URL 到 IP 地址的映射。然后将您的请求提交给具体的服务器，再由服务器返回我们要的结果（以 HTML 编码格式返回给浏览器），浏览器执行 HTML 编码，将结果显示出来。

浏览器的作用：根据用户的请求显示相关的网页数据，是用户和网页交互的工具。

流行的浏览器有 IE 浏览器、360 安全浏览器、火狐浏览器、搜狗浏览器、谷歌浏览器等。

三、IE 浏览器的打开和关闭

（一）打开 IE 浏览器

在 Windows 7 系统的桌面，双击“Internet Explorer”图标，就会打开 Internet Explorer 浏览器的窗口。如图 6-9 所示。

（二）关闭 IE 浏览器

在浏览器的窗口中，选择“文件—退出”，或者单击浏览器右上角的关闭按钮，即可关闭。

图 6-9 浏览器的窗口

四、浏览器的基本操作

(一) 浏览网页

要浏览某一个页面，必须先知道该网页的地址，在"Internet Explorer"浏览器窗口中，通过"地址栏"输入网站的域名，就可以浏览您需要的网站及网页信息。

例如，在地址栏输入：http：//www. hao123. com，按回车键显示如图 6-10 所示。

图 6-10 网站信息窗口

在浏览网页时，如果看到鼠标指针变成"手掌形"，就表示此位置有超链接，点击后会打开一个新的站点及网页内容。

（二）设置浏览器的主页

主页是指每次启动"Internet Explorer"浏览器时，最先显示的页面。为了快捷地查看经常使用的网站，可以设置某个网站为主页地址。

在"Internet Explorer"窗口中，点击浏览器中的"工具"菜单中的"Internet 选项"，在对话框中"常规"选项卡中的"主页"设置区中输入作为 IE 主页的网站的网址，例如：www. swufe. edu. cn 单击"确定"即可。如图 6-11 所示。

图 6-11　网站信息窗口

（三）浏览历史记录

在浏览器窗口中，可以自动将浏览过的网页地址，按照日期的先后保留在历史记录中，以备查看。

在"Internet Explorer"窗口中，单击右上角"五星"按钮，或者按"Ctrl+H"键就出现了"历史记录"标签，就可以浏览已经浏览过网站网页的信息。并且可以选择按日期、按站点、按访问次数方式进行浏览。如图 6-12 所示。

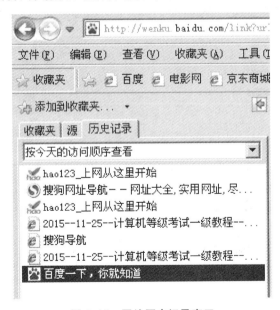

图 6-12　网站历史记录窗口

（四）收藏夹的作用

在浏览网站或网页时，可以将喜欢的页面和站点的地址保存到收藏夹中。这样在以后就可以轻松打开这些站点及页面。

在"Internet Explorer"窗口中，单击"收藏"按钮，选择"添加到收藏夹"选项，就可以将浏览过的网站、网页的网址存放到收藏夹中。

（五）Web 页面的保存

在浏览网页过程中，常常会遇到一些想要保存的网页信息，或者将 Web（网页）中的内容复制到其他的文件中。

1. 保存的 Web 网页信息

保存的 Web 网页信息的方法：首先打开要保存的 Web 页面，单击"文件"中的"另存为"命令，打开"保存网页"对话框，选择要保存文件的磁盘和文件夹，在文件名框中输入文件名，在文件类型中选择"网页/文本文件"4 种类型中的一种，单击"保存"完成。

2. 保存 Web 页面内容

保存 Web 页面内容的操作：如果要保存网页中的部分信息内容，可以用鼠标选定要保存的页面文字内容，按复制的快捷键 Ctrl+C，再打开 Word 文档或记事本，按粘贴的快捷键 Ctrl+V，完成文件的保存。如图 6-13 所示。

图 6-13　保存文本信息窗口

3. 保存 Web 页面图片

保存 Web 页面图片的操作：将鼠标指向图片，点击右键，在弹出的菜单上，选择"图片另存为"，单击打开"保存图片"对话框，输入图片的文件名，单击"保存"按钮完成。

第五节 Outlook 2010 的使用

Outlook 2010 是 Microsoft Office 2010 套装软件的组件之一，它可以用来收发电子邮件，方便地管理大量电子邮件，一个位置管理多个电子邮件账户，管理联系人信息、记日记、安排日程、分配任务。它还可以帮助您保持联系、轻松找到需要的内容，更好地管理时间和信息。

一、启动 Outlook 2010

如果是首次启动 Outlook2010，操作步骤如下：

（1）首次启动 Outlook，点击"开始"→"所有程序"→"Microsoft Office"→"Microsoft Outlook 2010"命令，会出现如下界面，如图 6-14 所示。

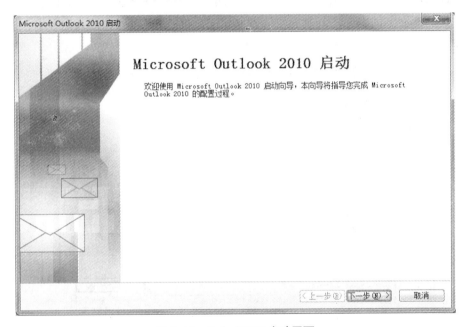

图 6-14　Outlook2010 启动画面

（2）提示 Outlook2010 启动画面，点击"下一步"按钮，如图 6-15 所示。

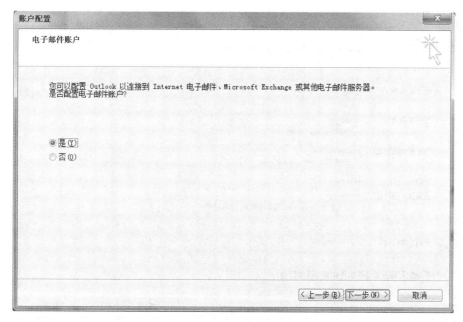

图 6-15　进行账户配置

（3）进行账户配置，用户设置电子邮件账户，选择"是"，点击"下一步"按钮，如图 6-16 所示。

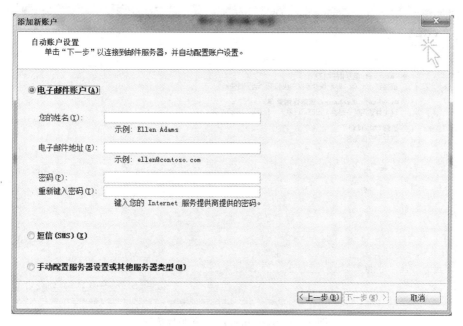

图 6-16　添加新账户

（4）进行添加新账户。输入新账户的电子邮箱账户的姓名、邮箱地址、密码信息。点击选择"手动配置服务器设置或其他服务器类型"，然后点击"下一步"按钮，如图 6-17 所示。

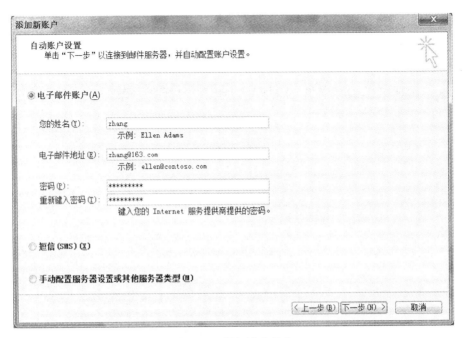

图 6-17　添加账户信息

（5）输入完成后，选择"手动配置"按钮，点击"下一步"，如图 6-18 所示。

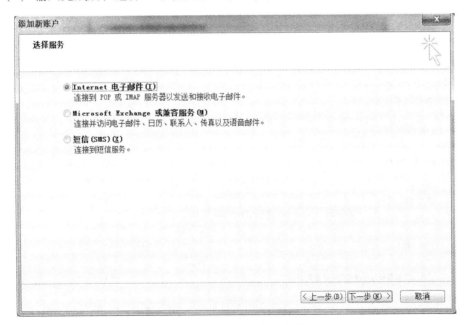

图 6-18　选择 Internet 电子邮件选项

（6）在添加新账户中，选择服务中的"Internet 电子邮件"选项。点击"下一步"按钮，如图 6-19 所示。

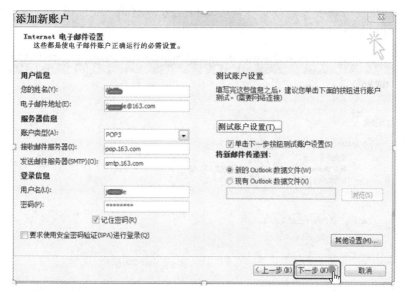

图 6-19 输入电子邮件相关信息

（7）在"Internet 电子邮件"选项中，输入有关用户信息、服务器信息、登录信息，并在用户信息中填写：

您的姓名中输入用户名：×××××

电子邮件地址中输入邮箱地址：×××××@163.com

账户类型输入：POP3

接收邮件服务器输入：POP3.163.com

发送邮件服务器输入：SMTP.163.com

输入完毕，点击"下一步"按钮，显示如图 6-20 所示。

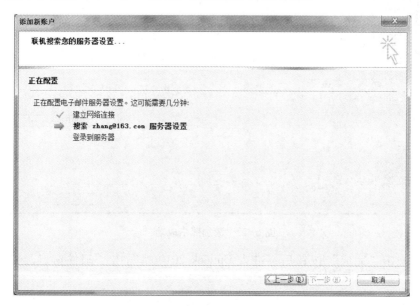

图 6-20 搜索电子邮件服务器设置

（8）系统联机搜索服务器设置，需要等待几分钟时间，完成设置后，点击"下一步"按钮，如图 6-21 所示。

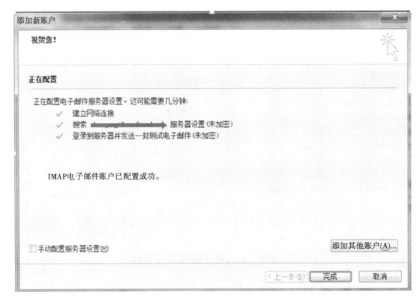

图 6-21　配置成功搜索电子邮件服务器设置

（9）配置成功后，点击"完成"按钮后，显示如图 6-22 所示。

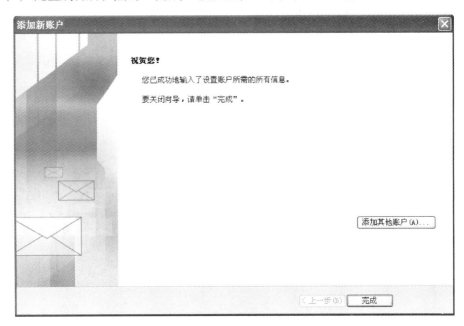

图 6-22　添加账户成功

（10）点击"完成"按钮后，进入 Outlook 2010 撰写电子邮件窗口，如图 6-23 所示。

图 6-23　撰写电子邮件窗口

二、添加电子邮件账户

如果是非首次使用 Outlook 2010，需要对 Outlook 2010 添加账号设置。其操作步骤如下：

（1）打开 Outlook 2010 软件，用鼠标依次点击文件->信息->添加账户，如图 6-24 所示。

图 6-24　添加账户

（2）点击"添加账号"按钮，显示如图 6-25 所示。

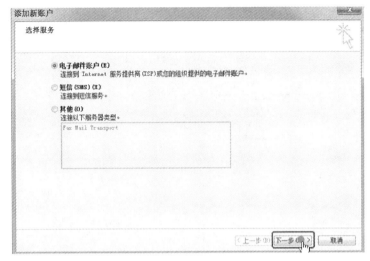

图 6-25 选择电子邮件账户

（3）当选择"电子邮件账户"按钮，点击"下一步"按钮；后面的操作与前面首次使用 Outlook 2010 的操作步骤的第 4 步以后相同。

三、收发电子邮件

与普通邮件一样，使用 Outlook 2010 收发电子邮件，必须写明收件人的地址、主题和邮件内容。其具体操作如下：

（一）创建电子邮件

（1）点击"开始"→"所有程序"→"Microsoft Office"→"Microsoft Outlook 2010"按钮，打开 Outlook 2010 软件，屏幕显示如图 6-26 所示。

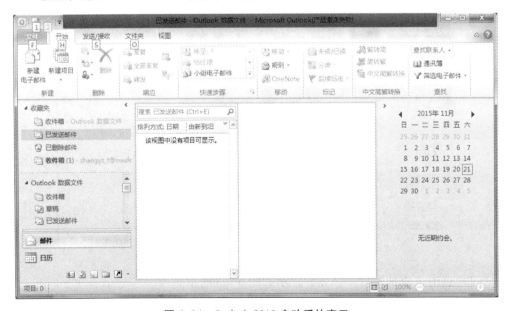

图 6-26 Outlook 2010 启动后的窗口

（2）点击"新建电子邮件"按钮，打开"未命名邮件"窗口，屏幕显示如图 6-27 所示。

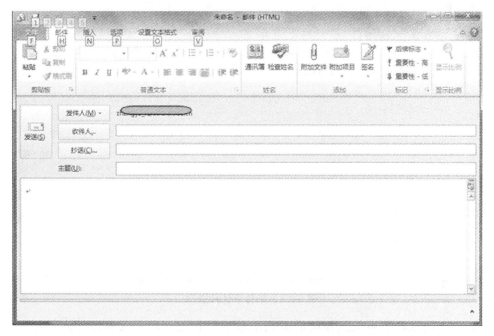

图 6-27 撰写新邮件窗口

（3）在窗口中输入收件人的地址、抄送、主题、邮件内容，即完成电子邮件创建。

（4）点击"发送"。

（二）在电子邮件中添加附件

如果在电子邮件中添加其他文件，如 Word 文档、Excel 表格、图片等，可以通过邮件中的"附件文件"发送。在撰写邮件的窗口中，输入收件人的地址、抄送、主题、邮件内容，点击"附件文件"按钮，在打开的"插入文件"对话框中，选择要插入的附件，然后单击"插入"按钮，即完成在附件中插入的文件。

（三）密件抄送

有时需要将一封邮件发送给多个人，可以在抄送中填写多个人的电子邮件地址，如果发件人不希望多个人看到这封邮件发给谁，可以采用"密件抄送"完成。

点击撰写邮件窗口中的"选项"，再点击"密件抄送"按钮，在邮件窗口可以看到"密件抄送"选项，屏幕显示如图 6-28 所示。

图 6-28　邮件密件抄送窗口

此时，可以将不被他人知晓的邮箱地址填写在此处，完成邮件其他部分，单击"发送"按钮，完成邮件的发送。

（四）接收和阅读邮件

如果要查看接收到的邮件，点击撰写邮件窗口中的"发送/接收"按钮。此时会出现邮件发送和接收的对话框，屏幕显示如图 6-29 所示。

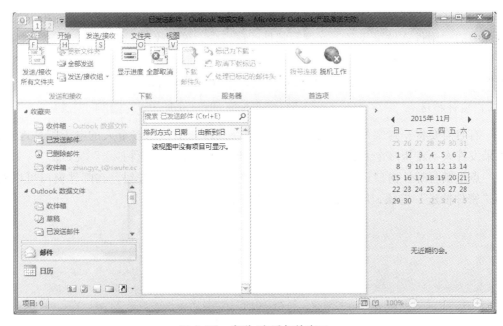

图 6-29　发送/查看邮件窗口

当单击邮件窗口左侧的"收件箱"按钮时，将会在右侧出现两个预览邮件的窗口，中间一个是邮件列表区，列出所有收到的邮件。当点击某个邮件时，在右侧的窗口就可以看到这个该邮件。如果要查看邮件的内容，点击右侧的邮件的主题，就可以查阅邮件内容了。

（五）保存附件

如果邮件中含有附件，右侧的窗口将会显示这个附件的文件名，用鼠标右键指向该文件，点击右键，在弹出的菜单中选择"另存为"。此时会打开一个"保存附件"的对话窗口，选择附件存放的磁盘、路径，并点击"保存"按钮，就可实现对附件文件的保存。

（六）回复与转发

如果看完邮件后需要回复，可以在邮件阅览窗口中点击"回复/全部回复"按钮，屏幕显示如图 6-30 所示。

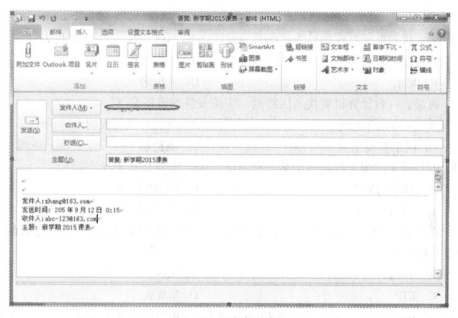

图 6-30　回复邮件窗口

在回复邮件窗口，发件人和收件人的地址都是由系统自动填写好的，原来的信件内容也可以看到，可以在信体中编写回信内容，点击"发送"按钮，就完成了回信任务。

第六节　练习题

一、选择题

1. 计算机网络按地理范围可分为（　　　）。

    A. 广域网、城域网和局域网   B. 广域网、因特网和局域网

    C. 因特网、城域网和局域网   D. 因特网、广域网和对等网

2. 计算机网络最突出的优点是（　　　）。

    A. 提高可靠性   B. 提高计算机的存储容量

    C. 运算速度快   D. 实现资源共享和快速通信

3. 因特网属于（　　　）。

    A. 万维网   B. 局域网

    C. 城域网   D. 广域网

4. 所有与 Internet 相连接的计算机必须遵守一个共同协议，即（　　　）。

    A. HTTP   B. IEEE 802. 11

    C. TCP／IP   D. IPX

5. 在一间办公室内要实现所有计算机联网，一般应选择（　　　）网。

    A. GAN   B. MAN

    C. LAN   D. WAN

6. 某主机的电子邮件地址为：cat@ public. mba. net. cn，其中 cat 代表（　　　）。

    A. 用户名   B. 网络地址

    C. 域名   D. 主机名

7. 通常，一台计算机要接入因特网，应该安装的设备是（　　　）。

    A. 网络操作系统   B. 调制解调器或网卡

    C. 网络查询工具   D. 浏览器

8. 因特网上的服务都是基于某一种协议，Web 服务是基于（　　　）。

    A. SMTP 协议   B. SNMP 协议

    C. HTTP 协议   D. IP 协议

9. 在因特网上，一台计算机可以作为另一台主机的远程终端，使用该主机的资源，该项服务称为（　　　）。

    A. Telnet   B. BBS

    C. FTP   D. WWW

10. 在 Internet 中完成从域名到 IP 地址或者从 IP 到域名转换的是（　　　）服务。

    A. DNS   B. FTP

    C. WWW   D. ADSL

11. 下列有关 Internet 的叙述中，错误的是（　　　）。

    A. 万维网就是因特网   B. 因特网上提供了多种信息

    C. 因特网是计算机网络的网络   D. 因特网是国际计算机互联网

12. 调制解调器的功能是（　　　）。

    A. 将数字信号转换成模拟信号   B. 将模拟信号转换成数字信号

    C. 将数字信号转换成其他信号   D. 数字信号与模拟信号相互转换

13. 下列域名中，表示教育机构的是（　　　）。

    A. ftp. mba. net. cn   B. ftp. cnc. ac. cn

C. www. mda. ac. cn　　　　　　　　D. www. mba. edu. cn

14. HTML 的正式名称是（　　）。

A. 主页制作语言　　　　　　　　　B. 超文本标记语言

C. Internet 编程语言　　　　　　　　D. WWW 编程语言

15. 下列各项中，电子邮件地址的书写格式正确的是（　　）。

A. kaoshi@ sina. com. cn　　　　　　B. kaoshi，@ sina. com. cn

C. kaoshi@ ，sina. com. cn　　　　　　D. kaoshisina. com. cn

16. 随着 Internet 的发展，越来越多的计算机感染病毒的可能途径之一是（　　）。

A. 从键盘上输入数据　　　　　　B. 通过电源线

C. 所使用的光盘表面不清洁

D. 通过 Internet 的 E-mail，在电子邮件的信息中

17. 根据域名代码规定，域名为 toame. com. cn 表示网站的类别应是（　　）。

A. 教育机构　　　　　　　　　　B. 国际组织

C. 商业组织　　　　　　　　　　D. 政府机构

18. IE 浏览器收藏夹的作用是（　　）。

A. 收集感兴趣的页面地址　　　　B. 记忆感兴趣的页面内容

C. 收集感兴趣的文件内容　　　　D. 收集感兴趣的文件名

19. 关于电子邮件，下列说法中错误的是（　　）。

A. 发件人必须有自己的 E-mail 账户

B. 必须知道收件人的 E-mail 地址

C. 收件人必须有自己的邮政编码

D. 可以使用 Outlook Express 管理联系人信息

二、操作题

第 1 题. 使用"百度"搜索地址为：HTTP：//www. baidu. com 的页面，搜索"微信介绍"的相关内容，将微信介绍内容存放到文件名为"微信介绍. TXT"的文本文件中，并保存在考生文件夹下。

第 2 题. 接收来自班主任的邮件，主题为"毕业 20 年聚会通知"。将老师邮件的附件转发给同学小张：xiaozhang@ 163. com <mailto：xiaozhang@ 163. com>；小刘：xiaoliu @ sohu. com <mailto：xiaoliu@ sohu. com>；小赵：xiaozhao@ 126. com <mailto：xiaozhao @ 126.com>，并在正文内容中加上："现将班主任的邮件转发给你们，具体事宜可联系我或直接联系老师，收到请回复！"

习题参考答案

第一章

1. B	2. B	3. A	4. B	5. D
6. D	7. A	8. C	9. B	10. B
11. A	12. B	13. C	14. B	15. B
16. C	17. A	18. D	19. B	20. A
21. A	22. A	23. A	24. C	25. B
26. D	27. D	28. B	29. C	30. D
31. B	32. A	33. D	34. D	35. D
36. B	37. D	38. A	39. D	40. D
41. C	42. C	43. C	44. D	45. C
46. D	47. D	48. A	49. C	50. A

第三章

第 1 题参考步骤：

（1）选定标题段文字；单击"开始"功能区"字体"组中的字体按钮，打开"字体"对话框。

（2）单击"字体"选项卡，在"字体"选项卡中单击"中文字体"列表框的下拉按钮，打开中文字体列表并选定"黑体"；在"字形"和"字号"列表框中分别选定"加粗"和"二号号"字体；单击"字体颜色"列表框的下拉按钮，打开颜色列表并选定蓝色。

（3）单击"高级"选项卡，在"高级"选项卡中，单击"间距"的下拉按钮，从其选项中选择"加宽"，并且在"磅值"文本框中输入"5 磅"。

（4）在"高级"选项卡中，单击"文字效果"按钮，打开"设置文本效果"对话框。单击"阴影"按钮，选定"预设"值为"外部向右偏移"。在预览框中查看所设置的字体显示效果，确认后单击"确定"按钮。

（5）选定正文部分。在"开始"功能区"字体"组的字体文本框和字号文本框中选定相应的字体和字号，或者单击"字体"按钮，打开"字体"对话框进行设置。

（6）单击"开始"功能区"段落"组的"段落"按钮 ，打开"段落"对话框。

（7）在"缩进与间距"选项卡中，单击"缩进"组下的"左"或"右"文本框的增减按钮 ，设定左右边界的字符数为4。单击"特殊格式"列表框的下拉按钮，选择"首行缩进"设置段落首行的格式为2个字符。

（8）单击"插入"功能区"页眉和页脚"组中的"页码"按钮，在打开的下拉菜单中执行"页面底端"命令，并选定"普通数字2"的页码位置形式。单击"页码"按钮后，执行"设置页码格式"命令，打开"页码格式"对话框，在"编号格式"中选择"i，ii，iii…"。

（9）选定最后11行文字，单击"插入"功能区"表格"组的"表格"下的"文本转换成表格"命令，打开"将文字转换成表格"对话框，在"分隔字符位置"选项中选定"制表位"单选项。

（10）单击"表格工具/布局"功能区"表"组的"属性"按钮，打开"表格属性"对话框，设置对齐方式"居中"。在"表格属性"对话框中的"行""列"选项卡中分别输入相应的数值。

（11）选定整个表格（但不选表格外的回车符），单击鼠标右键，在打开的快捷菜单中执行"单元格对齐方式"命令并选定"水平居中"。

（12）在"表格工具/设计"功能区"表格样式"组中，在"表格样式"下拉列表框中选定"浅色底纹-强调文字颜色1"。

第2题参考步骤：

（1）选中所有文档内容，单击"开始"功能卡"编辑"组，打开"查找和替换"对话框。在"查找内容"文本框中输入"复盖"，在"替换为"文本框中输入"覆盖"，然后单击"全部替换"按钮。

（2）选定标题段文字；单击"开始"功能区"字体"组中的字体按钮 ，打开"字体"对话框。单击"字体"选项卡，在"字体"选项卡中单击"中文字体"列表框的下拉按钮，打开中文字体列表并选定"隶书"；在"字形"和"字号"列表框中分别选定"加粗"和"三号"字体；单击"字体颜色"列表框的下拉按钮，打开颜色列表并选定红色。从"下划线线型"列表框中，选定双实线下划线（" "）后，单击"确定"按钮。单击"开始"功能卡"段落"组中的"居中"命令。

（3）选定正文第一段。单击"插入"功能区"文本"组中的"首字下沉"命令，打开"首字下沉"对话框，将"下沉行数"设置为2行，"距正文"设置为0.2厘米。

（4）单击"开始"功能区"段落"组中的"段落"按钮，打开"段落"对话框，并设置"首行缩进"为2字符；单击"开始"功能区"段落"组中的"编号"按钮，并设置为"一、""二、""三、"样式。

（5）单击"页面布局"功能区"页面设置"组中的"页边距"按钮，打开"页面设置"对话框，设置上、下"页边距"均为2.5厘米。

（6）选定最后22行文字，单击"插入"功能区"表格"组中的"表格"命令下的"文本转换成表格"命令，打开"将文字转换成表格"对话框，在"分隔字符位置"单选项中选定"空格"。

（7）单击"表格工具/布局"功能区"表"组的"属性"按钮，打开"表格属性"对话框，设置对齐方式为"居中"。在"表格属性"对话框中的"行""列"选项卡中分别输入相应的数值。

（8）选定整个表格（但不选表格外的回车符），单击鼠标右键，在打开的快捷菜单中执行"单元格对齐方式"命令并选定"水平居中"。

（9）在"表格工具/设计"功能区"表格样式"组中，在"线型"下拉列表框中选定"单实线"，在"粗细"下拉列表框中选定"2磅"，在"笔颜色"列表框中选定"绿色"，在"边框"下拉列表中选择"外侧框线"。

（10）在"线型"下拉列表框中选定"单实线"，在"粗细"下拉列表框中选定"1磅"，在"笔颜色"列表框中选定"绿色"，在"边框"下拉列表中选择"内侧框线"。

（11）将插入点置于要排序的表格中，单击"表格工具/布局"功能区"数据"组中的"排序"按钮，打开"排序"对话框，在"主要关键字"栏中选择"国家"，在"类型"栏中选择"拼音"。选择"降序"单选项，然后单击"确定"按钮，完成表格排序操作。

第3题参考步骤：

（1）选中所有文档内容，单击"开始"功能卡"编辑"组，打开"查找和替换"对话框。在"查找内容"文本框中输入"国名"，在"替换为"文本框中输入"国民"，然后单击"全部替换"按钮。

（2）选定标题段文字。单击"开始"功能区"字体"组中的字体按钮，打开"字体"对话框。单击"字体"选项卡，在"字体"选项卡中单击"中文字体"列表框中的下拉按钮，打开中文字体列表并选定"黑体"，在"字形"和"字号"列表框中分别选定"加粗倾斜"和"三号"字体。

（3）选定标题段文字，单击"开始"功能区"段落"组中的"底纹"下拉列表按钮，从颜色列表中选择"蓝色"。

（4）选定正文所有段落。单击"开始"功能区"段落"组中的"段落"按钮，打开"段落"对话框，并设置"行距"为"多倍行距""1.5"；在"间距"选项组的"段后"文本框中输入"0.5行"。

（5）选定正文第二段和第三段，单击"开始"功能区"段落"组中的"项目符号"下拉按钮，打开"项目符号"列表框并选择"■"。

（6）单击"页面布局"功能区"页面设置"组中的"纸张大小"按钮，并在打开的列表框中选择"B5（18.2厘米×25.7厘米）"项。

（7）选定最后11行文字，单击"插入"功能区"表格"组中的"表格"下拉按钮，从中选择"文本转换成表格"命令，打开"将文字转换成表格"对话框，在"分隔字符位置"单选项中选定"空格"。单击"表格工具/布局"功能区"表"组中的"属性"按钮，打开"表格属性"对话框，设置对齐方式为"居中"。在"表格属性"对话框中的"行""列"选项卡中分别输入"0.8厘米""5厘米"。

（8）选定整个表格（但不选表格外的回车符），单击鼠标右键，在打开的快捷菜单中执行"单元格对齐方式"命令并选定"水平居中"。

（9）在"表格工具/设计"功能区"表格样式"组中，在"线型"下拉列表框中选定双窄线"="，在"粗细"下拉列表框中选定"1磅"，在"笔颜色"列表框中选定"红色"，在"边框"下拉列表中选择"所有框线"。

（10）将插入点置于要排序的表格中，单击"表格工具/布局"功能区"数据"组中的"排序"按钮，打开"排序"对话框，在"主要关键字"栏中选择"国家"，在"类型"栏中选择"拼音"。选择"升序"单选项，然后单击"确定"按钮。

第四章

第1题参考步骤：

（1）选定A1：D1单元格区域，选择"开始"选项卡的"对齐方式"命令组，单击"合并后居中"命令。

（2）选定B3：B11单元格区域，选择"开始"选项卡的"样式"命令组，单击"条件格式"命令，在弹出的菜单中选择"突出显示单元格规则"操作下的"其他规则"，利用"新建格式规则"对话框设置销售量大于或等于300的单元格字体设置为红色文本。

（3）选定A2：D11单元格区域，选择"开始"选项卡的"样式"命令组，单击"套用表格格式"命令，选择"表样式浅色2"样式。

（4）双击Sheet1工作表标签或者鼠标右键单击Sheet1工作表标签，在弹出的菜单中选择"重命名"命令，在"Sheet1"处输入"销售情况表"，单击工作表任意单元格即可。设置效果如下图所示：

	A	B	C	D
1	某冰箱销售集团销售情况表			
2	分公司	销售金额（万元）	所占比例	销售量排名
3	第一分公司	230		
4	第二分公司	310		
5	第三分公司	210		
6	第四分公司	450		
7	第五分公司	500		
8	第六分公司	315		
9	第七分公司	368		
10	第八分公司	456		
11	合计			

销售情况表　Sheet2　Sheet3

第2题参考步骤：

（1）选定B11单元格，在数据编辑区输入"="，单击"名称栏"右侧的下拉按钮，选择"SUM"函数，在"函数参数"对话框中输"Numberl"参数为"B3：B10"。此时，数据编辑区出现公式："=SUM（B3：B10）"，单击"确定"按钮，B11 单元格为总计值。

（2）选定 C3 单元格，在数据编辑区输入公式："=B3/＄B＄11"，单击工作表任意位置或按 Enter 键；选定 C3 单元格，选择"开始"选项卡下的"数字"命令组右下角的按钮，弹出"设置单元格格式"对话框，选择"数字"标签下的选项卡，选择"分类"为"百分比""小数位数"为"2"，单击"确定"按钮；用鼠标拖动 C3 单元格的自动填充柄至 C10 单元格，放开鼠标，计算结果显示在 C3：C10 单元格区域。

（3）选定 D3 单元格，在数据编辑区输入"="，单击"名称栏"右侧的下拉按钮，选择"RANK"函数，在"函数参数"对话框中输"Number"参数为"B3""Ref"参数为"＄B＄3：＄B＄10"，此时，数据编辑区出现公式："=RANK（B3，＄B＄3：＄B＄10）"，单击"确定"按钮；选定 D3 单元格，用鼠标拖动 D3 单元格的自动填充柄至 D10 单元格，放开鼠标，计算结果显示在 D3：D10 单元格区域。

（4）选定 A2：D11 单元格区域，利用步骤（2）的"设置单元格格式"对话框，选择"对齐"标签下的选项卡，在"水平对齐"下拉列表中选择"居中"，单击"确定"按钮。设置效果如下图所示：

	A	B	C	D
1	某冰箱销售集团销售情况表			
2	分公司	销售金额（万元）	所占比例	销售量排名
3	第一分公司	230	8.10%	7
4	第二分公司	310	10.92%	6
5	第三分公司	210	7.40%	8
6	第四分公司	450	15.85%	3
7	第五分公司	500	17.61%	1
8	第六分公司	315	11.10%	5
9	第七分公司	368	12.96%	4
10	第八分公司	456	16.06%	2
11	合计	2839		

销售情况表　Sheet2　Sheet3

第 3 题参考步骤：

（1）选定"销售情况表"工作表"分公司"列（A2：A10 单元格区域）和"所占比例"列（C2：C10 单元格区域），选择"插入"选项卡下的"图表"命令组，单击"饼图"命令，在弹出的选项中选择"分离型三维饼图"。

（2）选择"布局"选项卡下的"标签"命令组，使用"图表标题"命令和"图例"命令，可以完成图表标题为"销售数量统计图"、图例位置为底部的操作。

（3）图表将显示在工作表内，调整大小，将其插入到 A14：D24 单元格区域内。其结果如下图所示：

	A	B	C	D
1	某冰箱销售集团销售情况表			
2	分公司	销售金额（万元）	所占比例	销售量排名
3	第一分公司	230	8.10%	7
4	第二分公司	310	10.92%	6
5	第三分公司	210	7.40%	8
6	第四分公司	450	15.85%	3
7	第五分公司	500	17.61%	1
8	第六分公司	315	11.10%	5
9	第七分公司	368	12.96%	4
10	第八分公司	456	16.06%	2
11	合计	2839		

销售数量统计图

■第一分公司 ■第二分公司 ■第三分公司 ■第四分公司
■第五分公司 ■第六分公司 ■第七分公司 ■第八分公司

第 4 题参考步骤：

（1）选定"某公司职员绩效考核情况"数据清单区域，选择"数据"选项卡下的"排序和筛选"命令组，弹出"排序"对话框。

（2）在"主要关键字"下拉列表框中选择"部门"，选中"升序"，单击"添加条件"命令，在新增的"次要关键字"中选择"职称"列，选中"降序"次序。如果选择数据清单区域时包含字段标题行，则选中"有标题行"；如果选择数据清单区域时不包含字段标题行，则选中"无标题行"，单击"确定"按钮完成排序。

（3）选择"数据"选项卡下的"分级显示"命令组的"分类汇总"命令，在弹出的"分类汇总"对话框中选择分类字段为"部门"，汇总方式为"平均值"，选定汇总项为"总成绩，选中"汇总结果显示在数据下方"，单击"确定"按钮即可完成分类汇总。其结果如下图所示：

1 2 3		A	B	C	D	E	F	G	H	I
	1	员工编号	部门	职务	姓名	一季度	二季度	三季度	四季度	总成绩
	2	30551014	财务部	财务总监	曲艳丽	94	82	99	81	356
	3	30601524	财务部	会计	孙少民	86	85	93	87	351
	4	30610103	财务部	出纳	黄高原	83	87	88	83	341
	5	财务部 平均值								349.3333
	6	30501013	技术部	程序员	毛志远	98	87	85	90	360
	7	30551013	技术部	程序员	李启勋	88	86	86	98	358
	8	30610101	技术部	项目负责人	王小兵	90	93	84	83	350
	9	30501011	技术部	项目负责人	李晓东	99	86	80	82	347
	10	30621001	技术部	程序员	李力	81	81	96	85	343
	11	技术部 平均值								351.6
	12	30621003	人事部	人事专员	吴梅	98	95	96	99	388
	13	30501010	人事部	人事部总监	钟丽珍	92	93	98	97	380
	14	30610102	人事部	人事专员	张志宏	95	90	90	98	373
	15	30601525	人事部	招聘人员	林勇	90	94	90	90	364
	16	30601523	人事部	人事专员	杨成林	89	96	83	81	349
	17	人事部 平均值								370.8
	18	30551011	市场部	经理	马鸿涛	96	94	99	92	381
	19	30551012	市场部	销售人员	许婷	92	89	89	97	367
	20	30501012	市场部	经理	张新民	98	81	99	82	360
	21	30621002	市场部	销售人员	刘英	83	88	97	91	359
	22	市场部 平均值								366.75
	23	总计平均值								360.4118

第 5 题第 1 题参考步骤：

（1）

①选定"某公司人员情况"数据清单区域，选择"数据"选项卡下的"排序和筛选"命令组，选择"筛选"命令。此时，工作表中数据清单的列标题全部变成下拉列表框。

②打开"部门"下拉列表框，选择"文本筛选"命令，在下级菜单选项中选择"自定义筛选"命令，在弹出的"自定义自动筛选方式"对话框中，在"部门"的第一个下拉列表框中选择"等于"，在右侧的输入框中输入"人事部"；选中"或"；在"部门"的第二个下拉列表框种选择"等于"，在右侧的输入框中输入"技术部"。其结果如下图所示：

	A	B	C	D	E	F	G	H	I
1	员工编▼	部门 ▼	职务 ▼	姓名▼	一季度▼	二季度▼	三季度▼	四季度▼	总成绩▼
2	30501010	人事部	人事部总监	钟丽珍	92	93	98	97	380
9	30551014	财务部	财务总监	曲艳丽	94	82	99	81	356
10	30601523	人事部	人事专员	杨成林	89	96	83	81	349
11	30601524	财务部	会计	孙少民	86	85	93	87	351
12	30601525	人事部	招聘人员	林勇	90	94	90	90	364
14	30610102	人事部	人事专员	张志宏	95	90	90	98	373
15	30610103	财务部	出纳	黄高原	83	87	88	83	341
18	30621003	人事部	人事专员	吴梅	98	95	96	99	388

（2）

①选择"某公司人员情况"数据清单的数据区域，单击"插入"选项卡下"表

格"命令组的"数据透视表"命令，打开"创建数据透视表"对话框。

②在"创建数据透视表"对话框中，自动选中"选择一个表或区域"对话框（或通过"表/区域"切换按钮选定区域"Sheet1！＄A＄1：＄I＄18"），在"选择放置数据透视表的位置"选项下选择"现有工作表"，通过切换按钮选择位置（从 A24 开始），单击"确定"按钮，弹出"数据透视表字段列表"对话框和未完成的数据透视表。

③在弹出的"数据透视表字段列表"对话框中，选定数据透视表的列表签、行标签和需要处理的方式。此时，在所选择放置数据透视表的位置处显示出完成的数据透视表。其结果如下图所示：

	A	B	C	D	E	F	G	H	I	J	K	L
1												
2												
3	平均值项	列标签										
4	行标签	财务总监	程序员	出纳	会计	经理	人事部总	人事专员	项目负责	销售人员	招聘人员	总计
5	财务部	356.00		341.00	351.00							349.33
6	技术部		353.67						348.50			351.60
7	人事部						380.00	370.00			364.00	370.80
8	市场部					370.50				363.00		366.75
9	总计	356	353.67	341	351	370.5	380	370	348.5	363	364	360.41

（3）

对 Sheet1 工作表完成如下操作：①合并 A1：E1 单元格区域为一个单元格，内容水平居中，计算"平均业绩"列的内容（保留小数点后两位）；计算各月和平均业绩的最高分和最低分，分别置 B11：E11 和 B12：E12 单元格区域（保留小数点后两位）；利用条件格式，将"平均业绩"列成绩小于或等于 85 分的字体颜色设置为红色；利用表格套用格式将 A2：E12 单元格区域设置为"表样式浅色 5"；将工作表命名为"一季度销售情况"。②对工作表"一季度销售情况"内数据清单的内容按主要关键字"平均业绩"的递减次序和次要关键字"职工号"的递减次序进行排序。

第 6 题参考步骤：

（1）选定 A1：F1 单元格区域，选择"开始"选项卡的"对齐方式"命令组，单击"合并后居中"命令。

（2）选定 F3 单元格，在数据编辑区输入"＝"，单击"名称栏"右侧的下拉按钮，选择"AVERGE"函数，在"函数参数"对话框中输"Numberl"参数为"B3：E3"。此时，数据编辑区出现公式："＝AVERGE（B3：E3）"，单击"确定"按钮，E3 单元格为平均值。

（3）选定 F3 单元格，选择"开始"选项卡下"数字"命令组的右下角按钮，打开"设置单元格格式"对话框，选择"数字"标签下的选项卡，选择数字"分类"为"百分比""小数位数"为"2"，单击"确定"按钮；用鼠标拖动 F3 单元格的自动填充柄至 F10 单元格，放开鼠标，计算结果显示在 F3：F10 单元格区域。

（4）选定 B11 单元格，在数据编辑区输入"＝"，单击"名称栏"右侧的下拉按钮，选择"MAX"函数，在"函数参数"对话框中输"Numberl"参数为"B3：B10"。此时，数据编辑区出现公式："＝MAX（B3：B10）"，单击"确定"按钮，

B11 单元格为最高分。

（5）选定 B11 单元格，单击"格式/单元格"命令，选择"数字"标签下的选项卡，选择数字"分类"为"数值""小数位数"为"2"，单击"确定"按钮；用鼠标拖动 B11 单元格的自动填充柄至 E11 单元格，放开鼠标，计算结果显示 B11：E11 单元格区域。

（6）同理，利用 MIN 函数可计算出最低分 B12：E12 单元格区域内容。

（7）选定 F3：F10 单元格区域，选择"开始"选项卡的"样式"命令组，单击"条件格式"命令，在弹出的菜单中选择"突出显示单元格规则"操作下的"其他规则"，利用"新建格式规则"对话框设置平均业绩小于或等于 80 的字体颜色为红色。

（8）选定 A2：E12 单元格区域，选择"开始"选项卡的"样式"命令组，单击"套用表格格式"命令，选择"表样式浅色 5"样式。

（9）双击 Sheet1 工作表标签或者鼠标右键单击 Sheet1 工作表标签，在弹出的菜单中选择"重命名"命令，在"Sheet1"处输入"一季度销售情况"。其效果如下图所示：

	A	B	C	D	E	F
1			一季度销售情况			
2	职工号 ▼	一月 ▼	二月 ▼	三月 ▼	四月 ▼	平均业绩 ▼
3	A001	99	84	85	80	8 706.15%
4	A002	95	85	87	83	8 728.29%
5	A003	99	77	83	86	8 632.49%
6	A004	91	73	76	86	8 154.06%
7	A005	88	73	76	74	7 797.21%
8	A006	83	83	89	90	8 632.88%
9	A007	72	72	93	85	8 033.42%
10	A008	74	82	91	71	7 940.97%
11	最高分	99.05	84.55	92.86	90.47	
12	最低分	72.06	71.88	76.14	70.69	

第 7 题参考步骤：

（1）选定"一季度销售情况"的"职工号"列（A2：A10 单元格区域）和"平均业绩"列（E2：E10 单元格区域）的内容，选择"插入"选项卡下的"图表"命令组，单击"条形图"命令，在弹出的选项中选择"簇状条形图"。

（2）选择"布局"选项卡下的"标签"命令组，使用"图表标题"命令和"图例"命令，可以完成图表标题为"一季度销售情况图"、清除图例的操作。

（3）用鼠标右键单击图表绘图区域，打开"设置绘图区域格式"对话框，在对话框中设置图案填充为"浅色横线"。

（4）图表将显示在工作表内，调整大小，将其插入到 A16：G30 单元格区域内。其结果如下图所示：

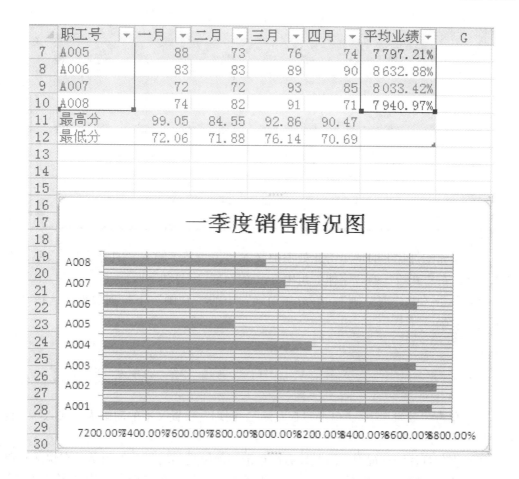

第五章

第1题参考步骤:

(1) 打开幻灯片,在"普通"视图下,单击"设计"—"主题"组中的"主题"下拉列表框,选择"活力"主题。

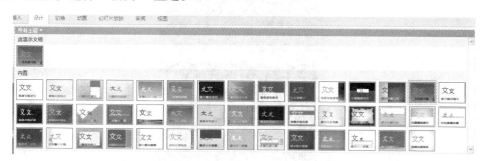

(2) 单击"切换"—"切换到此幻灯片"组中的"切换"下拉列表框,选择"动态内容"中的"平移"。

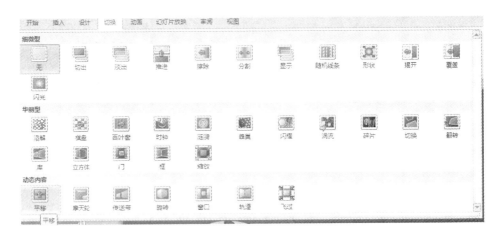

（3）单击幻灯片上的"单击此处添加文本"占位符，输入"打球去！"文字，选择该文字，在"开始"的"字体"组中，设置字体、字号和字形。

（4）单击选中"剪贴画"，单击"动画"中的"动画"下拉列表框，选择"飞入"动画效果。

（5）单击"效果选项"，单击"自左侧"。同理，设置文本的动画为"飞入""自右下部"。

（6）在幻灯片浏览视图，用鼠标右键单击当前编辑的幻灯片的顶部，在快捷菜单中选择"新建幻灯片"，用鼠标右键单击新建的幻灯片，在快捷菜单中选择"版式"为"仅幻灯片"。

（7）单击"单击此处添加标题"占位符，输入标题"人人都来锻炼"。

第 2 题操作步骤：

（1）将光标定位到第二张幻灯片，单击"开始"—"版式"中的"垂直排列标题与文本"版式。

（2）将光标定位到第二张幻灯片，用鼠标右键单击幻灯片空白区域，在快捷菜单中选择"设置背景格式"，在"设置背景格式"对话框中，选择"填充"—"图片或纹理填充"，单击"纹理"下拉列表，选择"羊皮纸"。

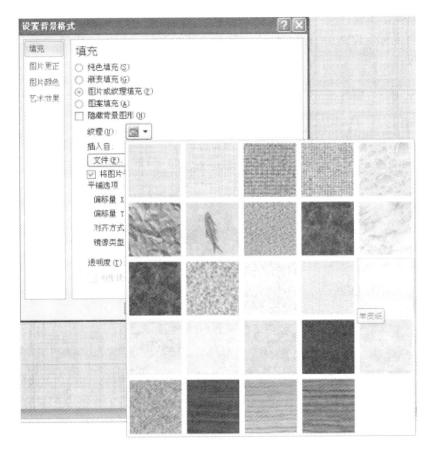

（3）将文稿中的第二张幻灯片标题修改为"项目计划过程"，选择该文字，在"开始"的"字体"组中，设置字体、字号和字形。

（4）在幻灯片的浏览窗格中，拖动第二张幻灯片到第三张幻灯片之后。

（5）单击"切换"—"切换到此幻灯片"组中的"切换"下拉列表框，选择"华丽"中的"垂直百叶窗"。

第3题参考步骤：

（1）选中第一张幻灯片的主标题文字，在"开始"的"字体"组中，设置字号。

（2）选中第一张幻灯片的主标题文字，单击"动画"中的"动画"下拉列表框，选择"飞入"动画效果。

（3）单击"效果选项"，单击"自左侧"。

（4）同理，设置第二张幻灯片的标题的字体和动画。

（5）将光标定位到第二张幻灯片，用鼠标右键单击幻灯片空白区域，在快捷菜单中选择"设置背景格式"，在"设置背景格式"对话框中，选择"填充"—"图片或纹理填充"，单击"纹理"下拉列表，选择"水滴"。

（6）单击"切换"—"切换到此幻灯片"组中的"切换"下拉列表框，选择"细微"中的"形状"。

第 4 题参考步骤：

（1）单击幻灯片上的"单击此处添加标题"占位符，输入"环境"文字，选择该文字，在"开始"的"字体"组中，设置字体、字号。

（2）选中第一张幻灯片的主标题文字，单击"动画"中的"动画"下拉列表框，选择"飞入"动画效果。

（3）单击"效果选项"，单击"右下角飞入"。

（4）在幻灯片的浏览窗格中，拖动第二张幻灯片到第一张幻灯片之前。

（5）单击"设计"—"主题"组中的主题下拉列表框，选择"波形"主题。

（6）单击"切换"—"切换到此幻灯片"组中的"切换"下拉列表框，选择"华丽"中的"垂直百叶窗"。

第六章

一、选择题

1. A	2. D	3. D	4. C	5. C
6. A	7. B	8. C	9. A	10. A
11. A	12. D	13. D	14. B	15. A
16. D	17. D	18. A	19. C	

二、操作题

第 1 题参考步骤：

（1）打开 IE 浏览器，在"地址栏"中输入网址"HTTP：//www. baidu. com"，按回车键打开百度搜索的主页。

（2）在百度搜索主页的搜索中框中输入"微信介绍"，点击"百度一下"按钮，进入搜索结果页面，显示微信介绍的信息内容。

（3）选中微信介绍的信息内容，单击鼠标右键，选择"复制"选项。

（4）打开考试文件夹，点击鼠标右键选择"新建"中的记事本文件，打开记事本文件，将复制的"微信介绍"信息内容粘贴或（按 Ctrl+V 键）到新建的文本文件中。

第 2 题参考步骤：

（1）【启动 Outlook 2010】，打开 Outlook 2010 软件窗口。

（2）在 Outlook 2010 功能区中单击"新建电子邮件"按钮，弹出"新邮件"对话框。

在"收件人"编辑框中输入：xiaozhang@ 163. com

在"抄送至"编辑框中输入：xiaoliu@ sohu. com；xiaozhao@ 126. com

在"主题"编辑框中输入：毕业 20 年聚会通知

在正文内容中输入：现将班主任的邮件转发给你们，具体事宜可联系我或直接联系老师，收到请回复！

（3）单击"发送"按钮，完成邮件发送。

考试大纲

全国计算机等级考试一级 MSOffice 考试大纲（2013 年版）

基本要求：

1. 具有微型计算机的基础知识（包括计算机病毒的防治常识）。

2. 了解微型计算机系统的组成和各部分的功能。

3. 了解操作系统的基本功能和作用，掌握 Windows 的基本操作和应用。

4. 了解文字处理的基本知识，熟练掌握文字处理 MSWord 的基本操作和应用，熟练掌握一种汉字（键盘）输入方法。

5. 了解电子表格软件的基本知识，掌握电子表格软件 Excel 的基本操作和应用。

6. 了解多媒体演示软件的基本知识，掌握演示文稿制作软件 PowerPoint 的基本操作和应用。

7. 了解计算机网络的基本概念和因特网（Internet）的初步知识，掌握 IE 浏览器软件和 Out-lookExpress 软件的基本操作和使用。

考试内容：

一、计算机基础知识

1. 计算机的发展、类型及其应用领域。

2. 计算机中数据的表示、存储与处理。

3. 多媒体技术的概念与应用。

4. 计算机病毒的概念、特征、分类与防治。

5. 计算机网络的概念、组成和分类；计算机与网络信息安全的概念和防控。

6. 因特网网络服务的概念、原理和应用。

二、操作系统的功能和使用

1. 计算机软、硬件系统的组成及主要技术指标。

2. 操作系统的基本概念、功能、组成及分类。

3. Windows 操作系统的基本概念和常用术语，文件、文件夹、库等。

4. Windows 操作系统的基本操作和应用：

（1）桌面外观的设置，基本的网络配置。

（2）熟练掌握资源管理器的操作与应用。

（3）掌握文件、磁盘、显示属性的查看、设置等操作。

（4）中文输入法的安装、删除和选用。

（5）掌握检索文件、查询程序的方法。

（6）了解软、硬件的基本系统工具。

三、文字处理软件的功能和使用

1. Word 的基本概念，Word 的基本功能和运行环境，Word 的启动和退出。

2. 文档的创建、打开、输入、保存等基本操作。

3. 文本的选定、插入与删除、复制与移动、查找与替换等基本编辑技术；多窗口和多文档的编辑。

4. 字体格式设置、段落格式设置、文档页面设置、文档背景设置和文档分栏等基本排版技术。

5. 表格的创建、修改；表格的修饰；表格中数据的输入与编辑；数据的排序和计算。

6. 图形和图片的插入；图形的建立和编辑；文本框、艺术字的使用和编辑。

7. 文档的保护和打印。

四、电子表格软件的功能和使用

1. 电子表格的基本概念和基本功能，Excel 的基本功能、运行环境、启动和退出。

2. 工作簿和工作表的基本概念和基本操作，工作簿和工作表的建立、保存和退出；数据输入和编辑；工作表和单元格的选定、插入、删除、复制、移动；工作表的重命名和工作表窗口的拆分和冻结。

3. 工作表的格式化，包括设置单元格格式、设置列宽和行高、设置条件格式、使用样式、自动套用模式和使用模板等。

4. 单元格绝对地址和相对地址的概念，工作表中公式的输入和复制，常用函数的使用。

5. 图表的建立、编辑和修改以及修饰。

6. 数据清单的概念，数据清单的建立，数据清单内容的排序、筛选、分类汇总，数据合并，数据透视表的建立。

7. 工作表的页面设置、打印预览和打印，工作表中链接的建立。

8. 保护和隐藏工作簿和工作表。

五、PowerPoint 的功能和使用

1. 中文 PowerPoint 的功能、运行环境、启动和退出。

2. 演示文稿的创建、打开、关闭和保存。

3. 演示文稿视图的使用，幻灯片基本操作（版式、插入、移动、复制和删除）。

4. 幻灯片基本制作（文本、图片、艺术字、形状、表格等插入及其格式化）。

5. 演示文稿主题选用与幻灯片背景设置。

6. 演示文稿放映设计（动画设计、放映方式、切换效果）。

7. 演示文稿的打包和打印。

六、因特网（Internet）的初步知识和应用

1. 了解计算机网络的基本概念和因特网的基础知识，主要包括网络硬件和软件，TCP/IP 协议的工作原理，以及网络应用中常见的概念，如域名、IP 地址、DNS 服务等。

2. 能够熟练掌握浏览器、电子邮件的使用和操作。

考试方式：

1. 采用无纸化考试，上机操作。考试时间为 90 分钟。

2. 软件环境：Windows 7 操作系统，Microsoft Office 2010 办公软件。

3. 在指定时间内，完成下列各项操作：

（1）选择题（计算机基础知识和网络的基本知识）。（20 分）

（2）Windows 操作系统的使用。（10 分）

（3）Word 操作。（25 分）

（4）Excel 操作。（20 分）

（5）PowerPoint 操作。（15 分）

（6）浏览器（IE）的简单使用和电子邮件收发。（10 分）

考试时间

全国计算机等级考试

全国计算机等级考试（National Computer Rank Examination，NCRE），是经原国家教育委员会（现教育部）批准，由教育部考试中心主办，面向社会，用于考查非计算机专业应试人员计算机应用知识与技能的全国性计算机水平考试体系。

NCRE考试采用全国统一命题、统一考试的形式。所有科目每年开考两次。一般为3月倒数第一个周六和9月倒数第二个周六，考试持续5天。

考生不受年龄、职业、学历等背景的限制，任何人均可根据自己学习情况和实际能力选考相应的级别和科目。考生可携带有效身份证件到就近考点报名。每次考试报名的具体时间由各省（自治区、直辖市）级承办机构规定。

自1994年开考以来，NCRE适应了市场经济发展的需要，考试持续发展，考生人数逐年递增，至2013年年底，累计考生人数超过5 422万，累计获证人数达2 067万。

目前《全国计算机等级考试考试大纲（2013年版）》为最新版本考纲，2014年、2015年均沿用此纲。

2015年NCRE安排三次考试，考试时间分别为3月21~24日、9月19~22日、12月12~13日，其中3月和9月考试开考全部级别全部科目，12月只开考一级和二级，各省级承办机构根据实际情况确定是否开考12月的考试。

考试题型

全国计算机等级一级考试采用无纸化考试。考试题型划分为六种类型，分别是选择题（20分）、Windows 基本操作题（10分）、Word 字处理操作题（25分）、Excel 电子表格操作题（20分）、PowerPoint 演示文稿操作题（15分）、上网题（10分）。

一、选择题

1. 下列设备组中，完全属于外部设备的一组是（　　）。
  A. CD—ROM 驱动器、CPU、键盘、显示器
  B. 激光打印机、键盘、CD—ROM 驱动器、鼠标器
  C. 内存储器、CD—ROM 驱动器、扫描仪、显示器
  D. 打印机、CPU、内存储器、硬盘

2. 汇编语言是一种（　　）。
  A. 依赖于计算机的低级程序设计语言
  B. 计算机能直接执行的程序设计语言
  C. 独立于计算机的高级程序设计语言
  D. 面向问题的程序设计语言

3. 在微机的硬件设备中，有一种设备在程序设计中既可以当作输出设备，又可以当做输入设备，这种设备是（　　）。
  A. 绘图仪　　　　　　　　　　B. 扫描仪
  C. 手写笔　　　　　　　　　　D. 磁盘驱动器

4. 冯·诺依曼在他的 EDVAC 计算机方案中，提出了两个重要的概念，它们是（　　）。
  A. 采用二进制和存储程序控制的概念
  B. 引入 CPU 和内存储器的概念
  C. 机器语言和十六进制
  D. ASCⅡ编码和指令系统

5. 一个汉字的内码与它的国标码之间的差是（　　）。
  A. 2020H　　　　　　　　　　B. 4040H
  C. 8080H　　　　　　　　　　D. AOAOH

6. 下列叙述中，正确的是（　　）。
  A. 内存中存放的是当前正在执行的程序和所需的数据
  B. 内存中存放的是当前暂时不用的程序和数据

C. 外存中存放的是当前没有执行的程序和所需的数据

D. 内存中只能存放指令

7. 组成一个完整的计算机系统应该包括（　　）。

　　A. 主机、鼠标器、键盘和显示器

　　B. 系统软件和应用软件

　　C. 主机、显示器、键盘和音箱等外部设备

　　D. 硬件系统和软件系统

8. 下列字符中，其 ASCII 码值最小的一个是（　　）。

　　A. 9　　　　　　　　　　　　B. P

　　C. Z　　　　　　　　　　　　D. a

9. 在计算机中，每个存储单元都有一个连续的编号，此编号称为（　　）。

　　　A. 单元号　　　　　　　　　B. 位置号

　　　C. 门牌号　　　　　　　　　D. 地址

10. 将十进制数 64 转换为二进制数等于（　　）。

　　　A. 1100000　　　　　　　　B. 1000000

　　　C. 1000100　　　　　　　　D. 1000010

11. 操作系统对磁盘进行读/写操作的单位是（　　）。

　　　A. 磁道　　　　　　　　　　B. 扇区

　　　C. 字节　　　　　　　　　　D. KB

12. 微机上广泛使用的 Windows 是（　　）。

　　　A. 单任务操作系统　　　　　B. 多任务操作系统

　　　C. 实时操作系统　　　　　　D. 批处理操作系统

13. 已知三个字符为：a、X 和 5，按它们的 ASCII 码值升序排序，结果是（　　）。

　　　A. 5，a，X　　　　　　　　B. a，5，x

　　　C. X，a，5　　　　　　　　D. 5，X，a

14. 计算机指令由两部分组成，它们是（　　）。

　　　A. 运算符和运算数　　　　　B. 操作数和结果

　　　C. 操作码和操作数　　　　　D. 数据和字符

15. 用高级程序设计语言编写的程序称为（　　）。

　　　A. 目标程序　　　　　　　　B. 可执行程序

　　　C. 源程序　　　　　　　　　D. 伪代码程序

16. 根据汉字国标 GB2312—80 的规定，存储一个汉字的内码需用的字节个数是（　　）。

　　　A. 4　　　　　　　　　　　　B. 3

　　　C. 2　　　　　　　　　　　　D. 1

17. 英文缩写 CAM 的中文意思是（　　）。

　　　A. 计算机辅助设计　　　　　B. 计算机辅助教学

　　　C. 计算机辅助制造　　　　　D. 计算机辅助管理

18. 计算机网络最突出的优点是（　　　）。

  A. 提高可靠性   B. 提高计算机的存储容量

  C. 运算速度快   D. 实现资源共享和快速通信

19. 下列各指标中，（　　　）是数据通信系统的主要技术指标之一。

  A. 重码率   B. 传输速率

  C. 分辨率   D. 时钟主频

20. 目前网络传输介质中传输速率最高的是（　　　）。

  A. 双绞线   B. 同轴电缆

  C. 光缆   D. 电话线

二、Windows 基本操作题

21. 在考生文件夹下分别建立 KANG1 和 KANG2 两个文件夹。

22. 将考生文件夹下 PENG 文件夹中的文件 BLUE. WPS 移动到考生文件夹下 ZHU 文件夹中，并将该文件改名为 RED. WPS。

23. 将考生文件夹下 ACESS＼HONG 文件夹中的文件 XUE. BMP 设置成隐藏和只读属性。

24. 为考生文件夹下 AHEWL 文件夹中的 MENS. EXE 文件建立名为 KMENS 的快捷方式，并存放在考生文件夹下。

25. 将考生文件夹下 JIN 文件夹中的 SUN. C 文件复制到考生文件夹下的 MQPA 文件夹中。

三、Word 字处理操作题

26. 在考生文件夹下，打开文档 Word1. docx，按照要求完成下列操作并以该文件名（Word1. docx）保存文档。

【文档开始】

信息安全影响我国进入电子社会

随着网络经济和网络社会时代的到来，我国的军事、经济、社会、文化各方面都越来越依赖于网络。与此同时，电脑网络上出现利用网络盗用他人账号上网，窃取科技、经济情报进行经济犯罪等电子攻击现象。

今年春天，我国有人利用新闻组中查到的普通技术手段，轻而易举地从多个商业站点窃取到 8 万个信用卡号和密码，并标价 26 万元出售。

同传统的金融管理方式相比，金融电子化如同金库建在电脑里，把钞票存在数据库里，资金流动在电脑网络里，金融电脑系统已经成为犯罪活动的新目标。

据有关资料，美国金融界每年由于电脑犯罪造成的经济损失近百亿美元。我国金融系统发生的电脑犯罪也呈逐年上升趋势。近年来最大一起犯罪案件造成的经济损失高达人民币 2 100 万元。

【文档结束】

（1）将文中所有"电脑"替换为"计算机"；将标题段文字（"信息安全影响我国

进入电子社会"）设置为三号黑体、红色、倾斜、居中并添加蓝色底纹。

（2）将正文各段文字（"随着网络经济……高达人民币 2 100 万元。"）设置为五号楷体；各段落左、右各缩进 0.5 字符，首行缩进 2 字符，1.5 倍行距，段前间距 0.5 行。

（3）将正文第三段（"同传统的金融管理方式相比……新目标。"）分为等宽两栏，栏宽 18 字符；给正文第四段（"据有关资料……2 100 万元。"）添加项目符号。

四、Excel 电子表格操作题

27. 打开考生文件夹下 Excel. xlsx 文件，完成以下内容：

（1）将 Sheet1 工作表的 A1：D1 单元格合并为一个单元格；计算职工的平均年龄置 C13 单元格内（数值型，保留小数点后 1 位）；计算职称为高级工程师、工程师和助理工程师的人数置 G5：G7 单元格区域（利用 COUNT IF 函数）。

（2）选取"职称"列（F4：F7）和"人数"列（G4：G7）数据区域的内容建立"簇状柱形图"，图标题为"职称情况统计图"，清除图例；将图插入到表的 A15：E25 单元格区域内，将工作表命名为"职称情况统计表"，保存文件。

	A	B	C	D	E	F	G
1	某单位人员情况表						
2	职工号	性别	年龄	职称			
3	E001	男	34	工程师			
4	E002	男	45	高级工程师		职称	人数
5	E003	女	26	助理工程师		高级工程师	
6	E004	男	29	工程师		工程师	
7	E005	男	31	工程师		助理工程师	
8	E006	女	36	工程师			
9	E007	男	50	高级工程师			
10	E008	男	42	高级工程师			
11	E009	女	34	工程师			
12	E010	女	28	助理工程师			
13		平均年龄					

五、PowerPoint 演示文稿操作题

28. 打开考生文件夹下的演示文稿 yswg. pptx，按照下列要求完成对此文稿的修饰并保存。

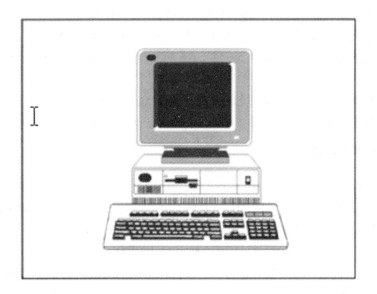

（1）将第一张幻灯片版式改变为"垂直排列标题与文本"，将文本部分的动画效果设置为"棋盘""下"；然后将这张幻灯片移成第二张幻灯片。

（2）将整个演示文稿设置成"都市"模板，将全部幻灯片切换效果设置成"切出"。

六、上网题

29. 某模拟网站的主页地址是：HTYP：//LOCALHOST：65531/Examweb/INDEx.HTM，打开此主页，浏览"天文小知识"页面，查找"水星"的页面内容，并将它以文本文件的格式保存到考生目录下，命名为"shuixing.txt"。

参考答案

一、选择题

1. B	2. A	3. D	4. A	5. C
6. A	7. D	8. A	9. D	10. B
11. B	12. B	13. D	14. C	15. C
16. C	17. C	18. D	19. B	20. C

二、Windows 基本操作题

21. 参考解析：

①打开考生文件夹；②选择【文件】|【新建】|【文件夹】命令，或单击鼠标右键，弹出快捷菜单，选择【新建】|【文件夹】命令，即可生成新的文件夹，此时

文件（文件夹）的名字处呈现蓝色可编辑状态。编辑名称为题目指定的名称 KANG1 和 KANG2。

22．参考解析：

①打开考生文件夹下 PENG 文件夹，选中 B1UE．WPS 文件；②选择【编辑】｜【剪切】命令，或按快捷键 Ctrl+X；③打开考生文件夹下 ZHU 文件夹；④选择【编辑】｜【粘贴】命令，或按快捷键 Ctrl+V；⑤选中移动来的文件；⑥按 F2 键，此时文件（文件夹）的名字处呈现蓝色可编辑状态，编辑名称为题目指定的名称 RED．WPS。

23．参考解析：

①打开考生文件夹下 ACESS\HONG 文件夹，选中 XUE．BMP 文件；②选择【文件】｜【属性】命令，或单击鼠标右键，弹出快捷菜单，选择"属性"命令，即可打开"属性"对话框；③在"属性"对话框中勾选"只读"属性和"隐藏"属性，单击"确定"按钮。

24．参考解析：

①打开考生文件夹下 AHEW1 文件夹，选中要生成快捷方式的 MENS．EXE 文件；②选择【文件】｜【创建快捷方式】命令，或单击鼠标右键，弹出快捷菜单，选择"创建快捷方式"命令，即可在同文件夹下生成一个快捷方式文件；③移动这个文件到考生文件夹下，并按 F2 键改名为 KMENS。

25．参考解析：

①打开考生文件夹下 JIN 文件夹，选中 SUN．C 文件；②选择【编辑】｜【复制】命令，或按快捷键 Ctrl+C；③打开考生文件夹下 MQPA 文件夹；④选择【编辑】｜【粘贴】命令，或按快捷键 Ctrl+V。

三、Word 字处理操作题

26．参考解析：

（1）【解题步骤】

步骤 1：通过"答题"菜单打开 Word1．docx 文件，按题目要求替换文字。选中正文各段，在【开始】功能区的【编辑】分组中，单击"替换"按钮，弹出"查找和替换"对话框，设置"查找内容"为"电脑"，设置"替换为"为"计算机"，单击"全部替换"按钮，稍后弹出消息框，提示完成 6 处替换，单击"确定"按钮。

步骤 2：按题目要求设置标题段字体。选中标题段，在【开始】功能区的【字体】分组中，单击"字体"按钮，弹出"字体"对话框。在"字体"选项卡中，设置"中文字体"为"黑体"，设置"字号"为"三号"，设置"字形"为"倾斜"，设置"字体颜色"为"红色"，单击"确定"按钮。

步骤 3：按题目要求设置标题段对齐属性。选中标题段，在【开始】功能区的【段落】分组中，单击"居中"按钮。

步骤 4：按题目要求设置标题段底纹属性。选中标题段，在【开始】功能区的【段落】分组中，单击"底纹"下拉三角按钮，选择"蓝色"。

（2）【解题步骤】

步骤1：按照题目要求设置正文字体。选中正文各段，在【开始】功能区的【字体】分组中，单击"字体"按钮，弹出"字体"对话框。在"字体"选项卡中，设置"中文字体"为"楷体"，设置"字号"为"五号"，单击"确定"按钮。

步骤2：按题目要求设置正文段落属性。选中正文各段，在【开始】功能区的【段落】分组中，单击"段落"按钮，弹出"段落"对话框。单击"缩进和间距"选项卡，在"缩进"选项组中，设置"左侧"为"0.5字符"，设置"右侧"为"0.5字符"；在"特殊格式"选项组中，选择"首行缩进"选项，设置磅值为"2字符"；在"间距"选项组中，设置"段前"为"0.5行"，设置"行距"为"1.5倍行距"，单击"确定"按钮。

（3）【解题步骤】

步骤1：按照题目要求为段落设置分栏。选中正文第三段，在【页面布局】功能区的【页面设置】分组中，单击"分栏"按钮，选择"更多分栏"选项，弹出"分栏"对话框。选择"预设"选项组中的"两栏"选项，在"宽度和间距"选项组中设置"宽度"为"18字符"，勾选"栏宽相等"，单击"确定"按钮。

步骤2：选中正文第四段，按照要求添加项目符号。

步骤3：保存文件。

四、Excel电子表格操作题

27. 参考解析：

（1）【解题步骤】

步骤1：通过"答题"菜单打开EXC.xlsx文件，按题目要求合并单元格并使内容居中。选中工作表Sheet1中的A1：D1单元格，单击工具栏上的 按钮。

步骤2：计算职工的"平均年龄"内容。在C13单元格中输入公式" = AVERAGE（C3：C12）"并按回车键。

步骤3：按题目要求设置单元格属性。选中C13，在【开始】功能区的【数字】分组中，单击"设置单元格格式"按钮，弹出"设置单元格格式"对话框，单击"数字"选项卡，在"数字"的"小数位数"中输入"1"，单击"确定"按钮。

步骤4：计算"人数"列内容。在G5单元格中输入公式" = COUNTIF（＄D＄3：＄D＄12，'高工'）"并按回车键。在G6单元格中输入公式" = COUNTIF（＄D＄3：＄D＄12，'工程师'）"并按回车键。在G7单元格中输入公式" = COUNTIF（＄D＄3：＄D＄12，'助工'）"并按回车键。

（2）【解题步骤】

步骤1：按题目要求建立"簇状柱形图"。选中"学历"列和"人数"列数据区域，在【插入】功能区的【图表】分组中，单击"创建图表"按钮，弹出"插入图表"对话框，在"柱形图"中选择"簇状柱形图"，单击"确定"按钮，即可插入图表。

步骤2：按照题目要求设置图表标题。在插入的图表中，选中图表标题，改为"职称情况统计图"。

步骤3：按照题目要求设置图例。在【布局】功能区的【标签】分组中，单击"图例"下拉按钮，选择"无（关闭图例）"选项。

步骤4：调整图的大小并移动到指定位置。选中图表，按住鼠标左键单击图表不放并拖动，将其拖动到 A15：E25 单元格区域内。

（3）【解题步骤】

步骤1：为工作表重命名。将鼠标移动到工作表下方的表名处，双击"Sheet1"并输入"职称情况统计表"。

步骤2：保存文件。

五、PowerPoint 演示文稿操作题

28. 参考解析：

（1）【解题步骤】

步骤1：通过"答题"菜单打开 yswg. pptx 文件，按照题目要求设置幻灯片版式。选中第一张幻灯片，在【开始】功能区的【幻灯片】分组中，单击"版式"按钮，选择"垂直排列标题与文本"选项。

步骤2：按照题目要求设置剪贴画的动画效果。选中文本，在【动画】功能区的【动画】分组中，单击"其他"下拉三角按钮，选择"更多进入效果"选项，弹出"更改进入效果"对话框。在"基本型"选项组中选择"棋盘"效果，单击"确定"按钮。在【动画】分组中，单击"效果选项"按钮，选择"下"效果。

步骤3：移动幻灯片。在普通视图下，按住鼠标左键，拖拽第一张幻灯片到第二张幻灯片即可。

（2）【解题步骤】

步骤1：按照题目要求设置幻灯片模板。选中幻灯片，在【设计】功能区的【主题】分组中，单击"其他"下拉三角按钮，选择"都市"主题。

步骤2：按照题目要求设置幻灯片的切换效果。选中幻灯片，在【切换】功能区的【切换到此幻灯片】分组中，单击"其他"下拉三角按钮，在"细微型"选项组中选择"切出"效果。

步骤3：保存文件。

六、上网题

29. 参考解析：

①在通过"答题"菜单【启动 Internet Explorer】，打开 IE 浏览器；②在"地址栏"中输入网址"HTTP：//LOCA；HOST：65531/ExamWeb/INDEX. HTM"，并按回车键打开页面，从中单击"天文小知识"页面，再选择"水星"，单击打开此页面；③单击【工具】｜【文件】｜【另存为】命令，弹出"保存网页"对话框，在"文档库"窗格中打开考生文件夹，在"文件名"编辑框中输入"shuixing. txt"，在"保存类型"中选择"文本文件（＊. txt）"，单击"保存"按钮完成操作。